堤坝基岩集中渗漏机理与探测

Mechanism and Detection of Concentrated Leakage in Dam Bedrock

叶合欣　黄锦林　陈　亮　著

U0200355

科学出版社

北　京

内 容 简 介

本书对堤坝基岩集中渗漏通道的形成机理、探测方法进行深入的研究，并建立基岩集中渗漏模型，讨论集中渗漏对堤内管涌的影响。针对北江大堤石角堤段堤内管涌难以根治的工程实际情况，将地质条件与综合示踪技术较为完整地结合起来，对其原因进行充分的分析论证。

本书可供从事地质、水利、矿山、土木等系统的科技人员和高等院校相关专业的师生参考。

图书在版编目（CIP）数据

堤坝基岩集中渗漏机理与探测/叶合欣，黄锦林，陈亮著. —北京：科学出版社，2019.6

ISBN 978-7-03-061623-4

Ⅰ. ①堤… Ⅱ. ①叶… ②黄… ③陈… Ⅲ. ①堤坝-基岩-渗流观测-研究 Ⅳ. ①TV698.1

中国版本图书馆 CIP 数据核字（2019）第 114454 号

责任编辑：周　丹　曾佳佳 / 责任校对：杨聪敏
责任印制：师艳茹 / 封面设计：许　瑞

科学出版社 出版

北京东黄城根北街 16 号
邮政编码：100717
http://www.sciencep.com

北京画中画印刷有限公司 印刷

科学出版社发行　各地新华书店经销
*

2019 年 6 月第 一 版　开本：720×1000　1/16
2019 年 6 月第一次印刷　印张：10 3/4
字数：215 000

定价：99.00 元
（如有印装质量问题，我社负责调换）

序

自古以来，洪涝水患就是我国危害较大、造成损失较为严重的自然灾害之一。俗话说，"千里之堤，溃于蚁穴"，堤坝渗漏隐患直接影响着堤坝的安全。由渗漏所致的溃堤溃坝事件在历史上屡见不鲜。堤坝的渗漏隐患在最终导致堤坝破坏前有一个相当长的发生发展过程，但这个过程很难让人察觉到，而堤坝破坏常在很短的时间内发生，让人防不胜防。因此，堤坝的渗漏隐患探测方法与渗透变形理论始终是堤坝安全研究的重要课题之一。

国内外学者对此进行了大量研究并取得了丰硕的成果，但注意力主要集中在第四系松散层上。由于地质条件的复杂性，基岩软弱结构在合适条件下，可产生渗透变形，进而形成集中渗漏通道，这对堤内渗透造成不可忽视的影响，同时使仅停留在松散层上的工程措施对根治堤内管涌往往难以奏效。

在管涌和集中渗漏通道形成后，必须及时进行工程处理，以防止集中渗漏发展扩大并造成堤坝险情。但是在实施处理措施之前，必须对堤坝中渗漏通道的位置、流量大小、渗漏范围等有准确的探测。只有在准确探测的基础上，才能采取科学合理的防渗处理措施，减少工程实践的盲目性。

《堤坝基岩集中渗漏机理与探测》一书针对以往对基岩软弱结构形成集中渗漏通道研究的不足，探讨和阐明了软弱结构所导致的堤坝渗透变形问题，亦是陈建生教授指导的叶合欣博士论文的提炼和结晶。该书系统地论述了存在软弱结构时堤坝集中渗漏通道的形成机制、探测方法以及相关理论的工程应用，通过采集风化程度不同的岩样进行室内试验，验证了在合适条件下软弱结构面可形成集中渗漏通道的事实，进而建立了基岩集中渗漏模型并进行数值模拟，得到了很好的结果。

书中既有对渗漏机理的深入研究，又有对探测技术的进一步发展，具有理论上的创新性与方法上的实用性。作者的研究成果必将引起工程界对基岩软弱结构导致堤坝渗漏的更多关注，推动堤坝渗漏研究与实践的向前发展。

我期待着这一研究成果早日出版面世，以飨读者。

汪集晹

中国科学院院士

2019 年 2 月

前　言

洪涝灾害在国内外均居各种自然灾害之首。人类文明集中于大江大河两岸，一旦洪水破堤泛滥，损失势必惨重。由于堤防在建设过程中常存在工程质量缺陷，当遭遇大洪水时，堤岸经常发生管涌、滑坡、崩岸和漫溢等险情，其中管涌险情是发生率最高的，被视为险中之险。国内外虽对管涌的研究工作很多，但利用这些研究成果对有些工程问题却是难以奏效的。例如：①北江大堤"94.6""97.7""06.6"堤内管涌，屡屡不能根治。地质遥感及地表调查发现，该区存在与北江大致垂直的次级断裂构造。堤内屡治不断的管涌是否与堤基基岩构造有关呢？②黄壁庄水库副坝塌陷事故，坝面塌陷最深达 13m。坝顶为什么会产生如此大规模的塌陷呢？

堤内管涌或坝体裂缝塌陷得不到很好的治理，一个普遍的观点认为，它们是由于堤坝本身或松散层堤基引起的，与基岩无关，采取的工程措施多是针对松散层的。实践证明，这是对基岩软弱结构面的作用认识不足。因此，研究基岩软弱结构对堤内渗透变形的影响具有重要的意义。

本书正是基于以上背景，在软弱结构面内讨论渗透变形问题。本书共分为 6 章。第 1 章绪论论述了国内外对渗透变形的研究现状及意义，提出在软弱结构面内讨论渗透变形的必要性。第 2 章将软弱结构渗透变形进行分类，主要研究基岩集中渗漏通道的形成机制。第 3 章通过水流对强、弱风化岩块的物理冲刷、化学溶蚀、浸泡试验，模拟验证了软弱结构面在地下水等条件的作用下，可形成集中渗漏通道。第 4 章研制了定点取样器，讨论了考虑示踪剂弥散作用的地下水水平流速的计算方法，提出了采用注水试验与垂向流测量相结合的方法来探测涌水含水层的渗透系数。第 5 章提出基岩集中渗漏通道模型，数值模拟基岩集中渗漏通道的形成过程，讨论在基岩集中渗漏通道形成之后，对堤内渗透变形的影响。第 6 章将地质条件与综合示踪技术较为完整地结合起来，探测出实际工程基岩中确实存在集中渗漏通道。

本书主要内容是作者多年来的科研项目成果，主要获国际原子能机构 TC 合作项目(PRC/8/013)和国家自然科学基金项目(50809024)资助。

中国科学院院士汪集暘教授在百忙之中热情为本书作序，在此表示衷心的感谢！

本书有些内容是从主要参考文献中引用的，在此特向有关作者和出版社表示感谢。

  本书由叶合欣统稿，袁以美对插图进行了绘制。作者在写作过程中得到了程建生、袁以美、王建平、童海滨、段祥宝、刘建刚、速宝玉、王媛、王锦国、周志芳、白兰兰、赵霞、王永森、孙晓旭、林统等的大力支持。由于软弱结构面渗透变形机制复杂，在许多方面还处于探索阶段，限于作者水平与能力，书中难免有缺点及疏漏，恳请读者批评指正。

作 者

2019 年 2 月

目　　录

第1章 绪 论

1.1 概 述

洪涝灾害在国内外均居各种自然灾害之首,据联合国统计,全世界的汛期灾害中洪涝灾害占 45%[1]。人类文明集中于大江大河两岸,那里土壤肥沃,水量充沛,交通便利。按我国 7 大江河考虑,约有 50%的人口和 70%的资产集中在洪水区内,一旦洪水破堤泛滥,损失势必惨重。我国现有 27.8 万 km 的防洪大堤[2],近 8.6 万座水库大坝,矿冶部门还有许多尾矿库坝和废水库坝。这些堤防及水库在国民经济及社会发展中产生了巨大的社会、经济和环境效益。但因受当时技术、经济和环境条件的限制,加之已运行数十年,堤坝的老化是不可避免的。另外,一些堤坝的建造条件十分复杂,有的在设计施工中就遗留下某些缺陷,如对地质条件不清楚而造成设计上的不足等,甚至是边勘察、边设计、边施工的"三边"工程,导致这些水利工程不同程度地存在一些隐患,在洪水期间极易形成渗水、管涌等险情。堤防是防洪体系中最为直接、基本的防洪设施,影响面广,洪灾也多来自溃堤。全国 555 座城市中有近 80%存在洪涝威胁。这些堤防主要有三大特点[3]:一是堤基条件差,堤身下大多为砂基或人工填土地基,且多数堤防未作地基处理;二是堤身建筑质量差,不少堤防是在原来民堤的基础上逐渐加高培厚而成;三是堤后坑塘多,覆盖层薄弱。由于这些缺陷,当遭遇洪水时,堤岸经常发生管涌、滑坡、崩岸和漫溢等险情,其中管涌险情是发生率最高的。仅据"98.8"长江洪水险情统计[1],沿长江 6000 余处险情中就有 4000 余处属渗流险情,其中管涌被视为险中之险。

另外,管涌的危害还在于它具有侵蚀性。当堤坝发生管涌时,在垂直于堤线的方向上水力坡降一般最大,管涌将溯源而上,向堤坝方向发展,最后很有可能与江水连通,形成集中渗漏通道,造成决堤。管涌在水文方面也有着很重要的影响,Hagerty[4]、Jones[5,6]等认为,管涌和接触冲刷对整个水网形式的形成是很重要的。Zaslavsky[7]甚至推断它们在区域水网的形成过程中处于支配地位。在地质方面,Buckham 和 Cockfield[8]把管涌视为沟壑的重要成因。此外,砂层深基坑的开挖也可能造成管涌。在"98.8"大洪水之后,中央发出了关于灾后重建、整治江湖、兴修水利的若干意见,制定近期安排与长远规划目标,初步完善长江中下游综合防洪体系。目前,大江大河的堤防质量已有较大提高,清除大量隐患,但

"千里之堤，溃于蚁穴"，一处隐患即可能导致决口的严重后果。因此，研究管涌具有重要的意义，且对堤坝尤为重要。

国内外虽对管涌的研究工作很多，但利用这些研究成果对有些工程问题却是难以奏效的。例如下面两个例子。

1. 北江大堤"94.6""97.7""06.6"堤内管涌，屡屡不能根治

1994 年 6 月 8～18 日期间，北江发生近百年一遇的特大洪水。北江大堤[9]强透水地基的堤段长超过总堤长的 50%，堤基渗透是北江大堤的主要隐患之一，虽多次进行灌浆等加固，但未得到彻底解决。1994 年 6 月 19 日 6 时，外江水位为14.64m，超警戒水位 4.14m，北江大堤石角段桩号 7+330 附近，离背水坡堤脚 100m莲藕塘里发现喷水孔，直径约 1.5m，喷水高出塘水面约 10cm，相当于10in（1in=2.54cm）泵的出水量，并带出大量泥沙。2003 年 10 月，投资 25.45 亿元的北江大堤的除险加固工程动工。2004 年 9 月，投资 4 亿～5 亿元的石角段上下游 15km 加固工程已修建达标。加固措施仍然是针对第四系松散层的，主要是压渗、设置减压井等。2005 年 6 月 24 日时，北江石角段达到 5 年一遇水位，石角桩号 10+300 附近段堤坝发生了管涌。该管涌发生于堤内减压井之后的排水沟后面的禾田里，距背水坡堤脚约 120m，管涌直径约 1m，喷出水头高出田水面约50cm。值得注意的是，其前面的减压井（位于堤脚与管涌点之间）却不出水，或出水量很小。地质遥感及地表调查发现，该区存在与北江大致垂直的断裂构造。堤内屡治不断的管涌是否与堤基基岩构造有关呢？

2. 黄壁庄水库副坝塌陷事故

黄壁庄水库[10]位于河北省石家庄市西北部的滹沱河上游，副坝长 6907m，最大坝高 19.2m，均质土坝，水库运行 40 余年来坝体不断出现裂缝现象。除险加固设计为沿坝轴线设置一道厚 0.8m 的混凝土防渗墙，嵌入基岩 20～25m，采用冲击钻孔成槽法施工，其间发生了严重的塌陷事故，其规模是除险加固历史上罕见的。塌陷的主要地段位于桩号 A4+037～A4+337，钻孔揭露的地层自上而下分布为坝体填土（粉质黏土，硬可塑，厚约 17m）、坝基粉质壤土（厚 10.2～23.2m）、中粗砂（厚 1.3～11.35m）、卵砾石（厚 7～8.8m）、基岩（大理岩、大理岩与千枚岩互层）。1999 年 10 月 22 日，在桩号 A4+276.5～A4+360 段出现塌陷，平行于坝轴线长 83.5m、垂直于坝轴线宽 33.2m、塌陷中心深度 5.2m；2000 年 5 月 22 日，在桩号 A4+108.5～A4+159 段，成槽钻进到 54.3m 处发生严重漏浆，造成坝顶沉陷、开裂，塌陷影响范围为平行于坝轴线长 50.5m、垂直于坝轴线宽 18m、塌陷中心深度 62mm、裂缝最大宽度 14mm；2000 年 9 月 3 日，在桩号 A4+037.9～

A4+088.7 段发生严重漏浆，造成坝体坍塌，形成平行坝轴线长 50.8m、垂直于坝轴线宽 31.5m 的坝顶坍塌裂缝区，沉陷中心深近 7.3m；2002 年 3 月 4 日，在桩号 A4+060.3～A4+337 段发生了最为严重的塌陷事故，历时 2h，坝体轴向与横向影响范围分别达 127m 和 90m，塌陷深达 13m。坝顶为什么会产生如此大规模的塌陷呢？

　　通过以上两个实例可知，堤内管涌或坝体裂缝塌陷得不到很好的治理，消耗了大量的人力、物力与财力。一个普遍的观点认为，它们是由于堤坝本身或松散层堤基引起的，与基岩无关，采取的工程措施均是针对松散层。实践证明，这种认识是不全面的，其可能的重要原因是对基岩软弱结构面的作用认识不足，没引起足够的重视。因此，研究基岩软弱结构对堤内管涌的影响具有重要的意义。

1.2　国内外堤坝破坏研究概况

1.2.1　管涌与流土

　　堤坝渗透破坏形式有管涌、流土。但自 1998 年全国大洪水之后，受新闻媒介报道的影响，人们将所有的渗透破坏都理解成了管涌。管涌(piping)，其严格的术语是指：在渗流作用下，无黏性土中的细小颗粒通过粗大颗粒的孔隙，发生移动或被水流带出的现象。国内外进行的室内管涌试验很多，每个试验对管涌现象或多或少地进行了描述，逐渐加深了人们对这一现象的理解。例如，Van Zyl 等[11]描述为对于自下而上的渗流情况，管涌首先开始于土中性质突变的地方，土体表面的颗粒先移动形成孔隙，这个孔隙渐渐扩大，并向下移动(溯源发展)，形成不规则的管状通道。它可发生于表面，也可发生于土体内部。此外，还有其他研究者给出类似的描述。管涌的发生表明，土体内部存在一部分较细颗粒，没有紧密接触，甚至处于自由状态。有的研究者把管涌土颗粒按其粒径及作用分为三种：骨架颗粒、阻塞颗粒、可动颗粒，这可以帮助我们很好地理解管涌发生发展机制。

　　流土(soil flow)，是指在渗透力的作用下，土体中的某一颗粒群同时起动而流失的现象。它可发生于黏性土或非黏性土。因发生流土的土粒之间存在紧密结合关系，可以承受较大的水头，但流土一旦发生，因属于整体破坏，发展迅速，如处理不当，极易造成溃堤(坝)，危害极大。

　　显然，在概念上，管涌与流土的区别是很明显的。在足够的水头梯度下，管涌型土完全有可能产生流土，而流土型土则一般不会首先出现管涌。从受力角度分析，对流土而言，作用力是单位土体的渗透力；而对管涌来说，则为单个颗粒的渗透力[12-14]。但也有不少学者对二者不加以区别。例如，Kälin[15]所研究的隆起管涌应属于流土，Sellmeijer[16,17]及其合作者[18-20]研究的不透水结构物下的"Piping"，从概念上看可归为接触冲刷，耶纳尔[21]则把接触冲刷、流砂和高出逸坡降管涌统称为管涌。

当管涌发生后，由于土体细颗粒(可动颗粒)的流失，形成较大的孔隙，如再增加水力坡降，可使原来不动的较大直径的颗粒发生移动，进一步增加土体孔隙直径，并向上游发展，最后土粒群起流动，形成流土。有的研究者[22]认为，流土与管涌的区别也不是绝对的，渗透破坏的最终形式为流土破坏。因流土的发生机制已研究得较为清楚，以下仅回顾管涌研究现状。

1.2.2 管涌研究现状

目前，国内外大都是从研究渗流破坏的角度出发，进行统计回归分析、室内模拟试验以确定临界水力坡降、数值模拟等方法进行研究。

1. 统计方法

统计方法的提出源于建坝时的围堰管涌破坏。该方法阶段性发展成果有以下几方面。

Ojha 等[23]根据大量现场管涌现象，提出了抵抗管涌破坏临界水力梯度的经验公式，并给出了经验值。Chugaev[24]通过对 170 多座构造物的研究，提出了建造在透水地基上的混凝土坝的临界总水头的经验值。

统计模型是根据长期观测资料获得的原因及同期效应量，用统计方法得出的回归方程式，它不仅反映监测效应量的变化，同时还能外延预报和运行监控。虽然统计模型为实际应用提供了广阔前景，但目前尚有许多不完善之处[25]：①模型因子选择不全面，譬如，一般只作渗流监测效应量与水头的相关分析；②模型无法反映渗流各影响因素之间的相关性，从而不能准确揭示工程的实际渗流状态；③为了满足模型的正确性和可靠性，需要很长的观测资料系列，不能及时应用于实际；④其统计样本来源于不同的个体，由于破坏的土体条件不一，发生的破坏不一定能反映整体的情况，用统计数据不能很好地适应特定工程项目，用它来指导设计有时甚至是错误的。因此，该方法后来很少有人再做深入的研究。

2. 理论研究与试验相结合的方法

Terzaghi[26]基于土体中垂向力的平衡分析，提出了著名的用有效应力计算临界水力梯度(J_{cr})的公式。Khosla 等[27]提出了在约束流中各种不同边界条件下 J_{cr} 和确定方法。1937 年，Casagrande[28]就曾描述过与渗流有关的内部侵蚀引起的土质岸堤失稳，给出根据流网计算 J_{cr} 的公式，这种侵蚀对大坝等构筑物安全的重要性越来越受到人们的重视[4,29-33]。Petr[34]首次提出管涌的随机特性,指出管涌发生的频率与堤脚距离大致呈指数的递减规律。曹敦履等[35,36]认为由于土中颗粒间的相对位置是随机的,孔隙的形状是不规则的,以及颗粒间的作用力带有不确定性,因此渗流管涌必然是一种随机过程。他考虑了管涌发生的随机性,用 Monte Carlo 法模拟渗流管涌的发生和发展,孔隙介质的渗流特性考虑服从给定概率分布的随机变量,随机模拟给出管涌发展的形象,同时还可求得在一定条件下,渗流管涌导致管涌破坏的概率。模拟结果表明,渗流管涌发生后,是否会发展到渗流破坏,不仅与相对渗径长度有关,而且还取决于绝对渗径长度。

从 20 世纪 50 年代起,地质界和土工界开始综合分析管涌的破坏机理[37],以及模拟管涌的发展过程[38]。在此期间,通过大量的试验和分析土体的颗粒级配曲线,发展了一些判断土体内部稳定性,即是否可能管涌的判别方法。例如,伊斯托明那根据可移动土颗粒在水中的自重和渗流对该颗粒的作用力相平衡的原理得到的不均匀系数法、巴特拉雪夫等的土体孔隙直径与填料粒径对比法、刘杰和沙金煊的土体细粒含量判别法、Lubotchkov 的级配曲线斜率判别法、Kézdi[39]借用反滤层设计的判别方法和 Aberg[40]的颗粒-孔隙链索模型等。

Khilar 等[41]建立了黏土地基的土质堤坝管涌和堵塞的毛细管数学模型,用黏粒在土的孔隙中的沉积和扩散来估算 J_{cr}。

Sellmeijer 和 Koenders[19]认为管涌在堤坝下面发展形成管状通道并达到稳定平衡之后,管涌不再继续发展。考虑砂沸和管状通道的力的极限平衡分析,分别给出了砂沸段和管涌通道内的 J_{cr} 计算公式。后来 Sellmeijer 与 Weijiers 一起对该公式进行了修改。Ojha 等[23]对 Sellmeijer 提出的公式进行了深入的研究,并得到有益的结论。Koenders 和 Sellmeijer[20]基于工程实用和物理模型试验理解的考虑,发展了 Sellmeijer 的模型,得出了当管涌发生的长度达到坝基宽度的一半时,出现临界水头的结论,并给出了公式计算 J_{cr}。尽管砂沸的参数没出现在公式中,但砂沸这一概念的出现对于管涌的稳定和管涌物理数学模型的建立具有重要意义。

Ojha 考虑了多孔介质并用 Bernoulli 方程来耦合,以及临界牵引应力条件,建立了确定计算临界水头的模型,它考虑了构造物的长度、水土性质影响管涌的条件。经过适当的变换,该模型的表现形式能与 Bligh 的经验公式相一致,为 Bligh 经验公式提供了理论基础。他的另一个模型用临界流速来估算临界水头。运用在荷兰的实验室取得的大量数据来验证这两个模型,结果发现用它们计算的临界水头比用 Terzaghi 模型更合适。

吴良骥[12]在分析作用于单个土颗粒和单位土体渗透力的基础上,在适当的假定之下,找出了计算无黏性土管涌垂直 J_{cr} 的关系式:

$$J_{cr} = (0.043 + 0.57D_r + 2.8P_z)d_5 / (d_5 + ed_0) \tag{1.1}$$

式中，D_r 为土体相对密实度；P_z 为小于 2mm 的细粒填料的质量分数；d_5 为小于某粒径土的质量分数5%对应的粒径；d_0 为土体等效粒径；e 为孔隙比。

他根据大量试验资料，获得必要的修正系数，从而得到了计算一般无黏性土的管涌 J_{cr}。该公式考虑了水流作用于颗粒上摩擦力及动水压力，仅用到颗粒级配、孔隙比及相对密实度三个参数，对工程实际来说，是比较方便和有效的。

沙金煊[13]和刘杰[42]根据土颗粒的自重、静水浮力和渗透力相平衡的原则，分别得出计算 J_{cr} 的公式：

$$J_{cr} = 2.2(G_s - 1)(1 - n)^2 d_5 / d_{20} \tag{1.2}$$

$$J_{cr} = 42d_3 / \sqrt{K / n^3} \tag{1.3}$$

式中，G_s 为土颗粒相对密度；n 为孔隙率；K 为土的渗透系数(cm/s)。该公式成为水利水电工程地质勘察规范[43]推荐的计算公式。

关于堤坝管涌险情的判别，毛昶熙等[44]在"98.8"大洪水之后，提出江堤险情两个科研问题之一的管涌险情问题，应从地层结构及管涌点离堤脚远近来判断。认为对于二元地基，若覆盖层主体下部相对于上部浅层更为透水，即使表层土渗透坡降超过临界值发生浮动管涌现象，也不危险。相反，若覆盖层夹杂薄砂层，通连江水，其表层土相对于下部又较不透水时，就容易被承压水顶穿形成管涌通道，比较危险。并指出距堤脚超过 150m 远处发生管涌不致影响大堤的安全。他还指出，应结合江堤堤基土质结构特点，进一步从非稳定渗流研究距堤脚有多远时发生管涌有危险。

刘忠玉等[45-48]在分析现有土体内部稳定性判别方法的基础上，认为完善的判别管涌方法应该同时考虑到颗粒级配和土体密实度的影响，建议用 Aberg 方法确定界限粒径(即骨架颗粒的下限粒径)，用 Kovács 方法计算骨架孔隙，从而提出一种判定土体是否易于管涌的新方法。并依此对 Skempton 和 Brogan[49]管涌试验中所用土样进行了判定，判定结果与试验相符。通过计算可动颗粒起动的临界水头梯度发现，对于级配连续土，细小颗粒外移后，较大颗粒的起动需要较大的水头梯度，而对于级配不连续土，细小颗粒被冲失后，稍微增大水头梯度，较大颗粒就可起动。考虑到可动颗粒起动的随机性，建立了管涌的随机模型，可模拟管涌过程中土体颗粒级配的变化。通过计算，发现拖曳力(或渗流速度)的标准差对可动颗粒的起动、管涌临界水头梯度有很大影响。

陆培炎[50]根据工程实际问题，推导了在江河堤围、深基坑开挖和矿山法地铁开挖三种情况下的评定渗流管涌公式，并指出应根据不同情况选用不同的评定渗流管涌公式，以及使用中必须考虑的问题。

陈建生等[51]首次运用地下水动力学的井流理论，建立了完整井与非完整井管涌模型，模拟管涌发生后集中渗漏通道的形成，并估算了管涌带出的砂粒在地层中的分布范围及管涌口冒水量，刻画了管涌的发展过程，对堤防渗流管涌后产生的集中渗漏通道的机理进行了深入的分析。其重要性在于，提出了管涌形成集中渗漏通道的观点，对以后的管涌研究方向起到了重要的影响作用。

刘建刚等[52]建立了渗透变形初期的完整井和非完整井理想模型，通过有限元计算描述了渗透变形的发展过程。完整井模型中的涌砂在平面上可以是不连续的（这与唐益群等[22]观察的试验结果相一致），除涌水口附近的区域外，近河床处在一定范围也可发生渗透变形。渗透变形的发展呈条带状向堤岸方向扩展，在一定条件下可与近河床处的渗透变形区相连通形成集中渗漏通道。非完整井模型中涌砂向深部的扩展是趋缓的，并将最终停止。后来建立了砂砾石堤基在洪水期发生管涌的理论模型，建立了管涌临界面方程，确定了临界面形状及随江水位上涨临界面的发展趋势；堤基发生渗透变形而形成的集中渗漏通道，将自涌砂口沿垂直堤轴方向发展，并在平面上自涌砂口到河床不断扩大，在深度上不断加深。减压井在降低了井附近水头的同时也加大了水力坡降，从而更易发展渗透变形。

唐益群等[22]从机理的角度对流土和管涌破坏的概念、试验研究、有限元分析和解析分析等作了较为系统全面的研究，认为管涌型土与流土的区别并非绝对的，渗流破坏的最终形式为流土破坏。关于流土和管涌的形成机制，突破原有研究成果仅局限于宏观定性认识，进行对比性研究及定量分析。砂的密实度越高，其流土破坏的临界抗渗坡降就越大；但是随着砂颗粒粒径的增大，这种趋势就越不明显。他认为流土破坏的过程相当短，试验中只有几秒钟，不可能是直接由流土通道向上扩展造成流土破坏的，而是由流土通道上游端与上游之间的平均渗流坡降不断增大，砂层在渗透压力的作用下整体破坏造成的。

滕凯和康百赢[53]在陈建生等[51]、刘建刚等[52]研究的基础上，将管涌产生初期涌水点附近透水层看作是均质各向同性的，并利用地下水井流理论，推求出了管涌形成后的出水流量、临界面及破坏界面孔口尺寸的计算公式。认为承压透水层中产生的管涌孔洞直径通常应大于覆盖层中的孔口直径。

陈建生等[54]对接触冲刷发展过程进行了模拟研究，对黏土层与砂砾石层之间各种成因的粗糙面或缝隙渗透性用光滑裂隙的渗透性代替，地层整体的渗透性由裂隙、砾石层和砂砾石层的渗透性决定，以细砂的起动速度为判别标准，通过分时段的稳定流计算，接触面附近的细砂从出渗口开始流出，出渗口附近的渗透系数首先增大，然后逐步向内部发展，以垂直河岸方向的发展最为迅速，甚至形成贯通性集中渗漏通道。

沙金煊[55]根据渗流理论，提出了预测江堤背水侧是否发生管涌的一种计算方法，可计算发生管涌的具体范围(图1.1)。

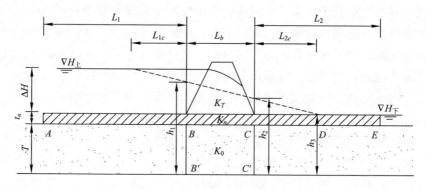

图1.1　典型的堤防断面

$$x_{kp} = \frac{1}{a} \ln \frac{J_{kp}t_n - \sqrt{J_{kp}^2 t_n^2 - 4(\Delta h_2 - c_2)c_2}}{2(\Delta h_2 - c_2)} \tag{1.4}$$

其中

$$c_2 = \frac{(h_2 - h_{\text{下}})\mathrm{e}^{aL_2}}{\mathrm{e}^{aL_2} - \mathrm{e}^{-aL_2}}$$

$$\Delta h_2 = h_2 - H_{\text{下}}$$

结合太沙基公式计算覆盖层土的临界坡降

$$J_{kp} = (G_s - 1)(1 - n) = 1.65(1 - n) \tag{1.5}$$

式中，t_n 为上覆盖层的厚度；G_s 为覆盖层土的相对密度，通常取 $G_s=2.65$；n 为覆盖层土的孔隙率，其他符号如图1.1中所示。

式(1.4)可预测管涌发生的范围，且适用于任意 K_0/K_n 的情况。①当 $x_{kp}<0$，整个 CE 段均不会发生管涌；②当 $0<x_{kp}<L_2$，则 $0\sim x_{kp}$ 为发生管涌地段，而 $x_{kp}\sim L_2$ 段不发生管涌；③当 $x_{kp}>L_2$，整个 CE 段均会发生管涌。

后来，张我华等[56]也在陈建生等[51]、刘建刚等[52]工作的基础上，提出了一种预测判定管涌发生可能性的机理模型，定义了渗透坡降的管涌影响曲面。根据机理模型从影响堤防和土石坝管涌发生的诸多复杂因素中选出既便于测量、观测，又对管涌发生影响显著的几种因素作为系统输入，把理论机理模型和改进 BP 人工神经网络模型相结合，建立预测判定堤防和土石坝中管涌发生的人工智能方法，对管涌发生的可能性因子进行了预测。并通过数据库功能，在应用中不断增加训练样本的规模，使神经网络能够学习到更全面的知识。

周健和张刚[57]基于先进的数码摄像可视化跟踪技术和数字信息计算机实时处理技术以及散体颗粒流软件技术，对未来管涌现象的研究做了展望。

毛昶熙等[58-60]进行了大量的堤基渗流无灾害管涌的室内试验研究。在室内水槽中进行几何比尺 1∶20 及 1∶40 的堤基渗流引起的管涌试验，论证了双层地基粉细砂层发生管涌通道时影响大堤安全的水平渗流临界坡降平均值为 0.1 左右。指出管涌与砂层厚度、砂层顶面接触粗糙度、出口水头损失、堤前冲深以及砂基结构性质等有关，管涌有害与否与沿程承压水头分布的不断调整和渗流量变化密切相关。

测压管水头分布(水力坡线)逐时段的测量结果可概括为图 1.2 所示的变化过程。即刚发生管涌时，水砂喷出，水头线突降，如图 1.2 线(1)所示；然后冲蚀孔口附近的砂，使其渗透性加大，水头线下降变缓，暂时可以趋于稳定而向上游沿承压水头线较陡处(坡降大)继续冲蚀发展，如图 1.2 线(2)、(3)所示；如果渗径长度能够满足水头线调整后的陡度不超过冲蚀的临界坡降时，最后就趋于稳定平衡状态，如图 1.2 线(4)所示；否则就会继续冲蚀，时冲时淤调整水头线的陡缓使水头线再回升，如图 1.2 虚线(5)、(6)所示，最后形成管涌通道而破坏。

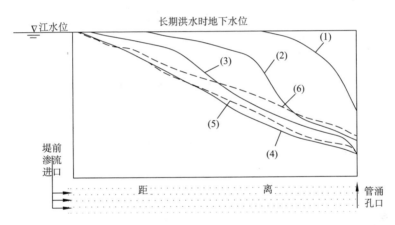

图 1.2　发生管涌时的承压水头线变化过程示意

因为管涌是指在渗流作用下，无黏性土中的细小颗粒通过粗大颗粒的孔隙，发生移动或被水流带出的现象。为此将管涌土颗粒分为三类[45-48]：骨架颗粒、阻塞颗粒、可动颗粒，认为管涌过程中被渗流带走的仅是可动颗粒。骨架颗粒组成土体的骨架，它们承担外荷载，只有骨架颗粒的移动，才会影响土体的总体积。骨架颗粒与阻塞颗粒的界限为界限粒径(x_a)，后者在一定的范围内可移动，但不能被带出土体，甚至阻塞通道，阻止可动颗粒外移。可动颗粒的直径小于骨架颗粒的最小孔隙直径(d_c)，即通道最窄处的直径，也是与阻塞粒径的界限点。

管涌发生后，土体中的可动颗粒被带出，土体渗透系数发生了变化，由 K_1 增加到 K_0。可通过下式确定：

$$K_1 = \frac{K_0}{1 + \dfrac{9}{64}\left(\dfrac{d_1}{a_k}\right)^2 s_k + \dfrac{3}{16}\displaystyle\sum_{j=k+1}^{M}\left(\dfrac{d_1}{a_j}\right)^2 s_j} \cdot \frac{n'}{n_a} \tag{1.6}$$

$$K_0 = \frac{\gamma_w n_a^3}{5.4\mu(1-n_a)^2} \cdot \left(\frac{D_h}{\alpha}\right)^2 \tag{1.7}$$

$$D_h = \left(\sum \frac{\Delta S_i}{D_i}\right)^{-1} \tag{1.8}$$

$$n_a = (1+y_a)/(1+e) \tag{1.9}$$

式中，K_1 为管涌发生后的渗透系数；K_0 为可动颗粒全部流失后土体的渗透系数；α 为土颗粒的形状系数；n_a 为仅由骨架颗粒组成的假想土体的孔隙率；e 为未发生管涌的土体的孔隙比；ΔS_i 为骨架颗粒中第 i 组的质量分数；D_i 为第 i 组的代表粒径；它与该粒组的上下限粒径 D_{i1} 和 D_{i2} 之间的关系可按下式给出：$\dfrac{3}{D_i} = \dfrac{1}{D_{i1}} + \dfrac{1}{D_{i2}} + \dfrac{2}{D_{i1}+D_{i2}}$。$y_a$ 为松散颗粒的质量分数，与之对应的界限粒径 x_a 为

$$x_a = 2c_1 A_a / [(2c_1 + 1 + 2c_2)B_a^2] \tag{1.10}$$

式中，A_a、B_a 是仅与颗粒级配曲线相关的两个系数，按下式计算：

$$A_a = \int_{y_a}^{1} \frac{y}{x(y)}\mathrm{d}y - y_a B_a \tag{1.11}$$

$$B_a = \int_{y_a}^{1} \frac{\mathrm{d}y}{x(y)} \tag{1.12}$$

从以上式子可以看出，随着土体中可动颗粒的流失，土体的渗透系数逐渐变大，并趋向 K_0。

毛昶熙等[59]在井流理论基础上，推导出了管涌孔口附近的涌砂范围及继续向上游冲蚀发展距离的计算公式，所提出的管涌冲蚀向上游发展的计算方法可用来鉴别管涌的危害程度。计算结果与模型试验及管涌的实际调研资料比较接近。还用三维有限元数值计算方法验证了所推导的水头分布及渗流坡降公式的可靠性，并论证了直接应用源汇点理论计算管涌附近水头分布的不适用性(图 1.3)。

当不考虑其他补给源时，假设含水层均质各向同性，地下水层流。对空间任一点 $P(x,y)$，利用位势叠加原理，可知管涌口附近的水头分布(以管涌口地面为基准面计算的承压水头)为

$$h = \frac{Q}{4\pi KT}\ln\frac{(x-L)^2 + y^2}{(x+L)^2 + y^2} + H \tag{1.13}$$

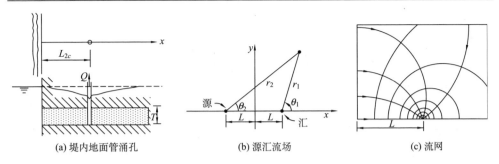

(a) 堤内地面管涌孔　　　　　(b) 源汇流场　　　　　(c) 流网

图 1.3　河边管涌渗流理论推导示意

式中，L 为堤坝内距江边入渗口距离；Q 为管涌口出流量；T 为堤基砂层厚度；H 为江水高出堤内地面高度。

因为当堤内弱透水盖层被渗流顶穿后，管涌口相当于非完整井，其深度约为承压透水层厚度的 1/5～1/3[53]，毛昶熙等[59]的室内试验也支持这一结论。所以，管涌口流量可按下式计算：

$$Q = \frac{2\pi KTH}{\left[\dfrac{0.5T}{W + r_0(1 - W/T)} + 1.5\right]\ln\dfrac{2L}{r_0}} \tag{1.14}$$

式中，W 为管涌孔底冲深；r_0 为管涌口半径。

把上式代入式(1.13)，求偏导，可得 x、y 方向上的水力坡降。

$$J_x = -\frac{\partial h}{\partial x} = -\frac{2H}{\left[\dfrac{0.5T}{W + r_0(1 - W/T)} + 1.5\right]\ln\dfrac{2L}{r_0}} \cdot \frac{(x^2 - y^2 - L^2)L}{\left[(L+x)^2 + y^2\right]\cdot\left[(L-x)^2 + y^2\right]}$$
$$\tag{1.15}$$

当 $y=0$ 时，即沿 OA 线上的水力坡降 J_x 为

$$J_x = \mp\frac{2H}{\left[\dfrac{0.5T}{W + r_0(1 - W/T)} + 1.5\right]\ln\dfrac{2L}{r_0}} \cdot \frac{L}{x^2 - L^2} \tag{1.16}$$

式中，当 $x<L$ 时取"−"，当 $x>L$ 时取"+"。

$$J_y = -\frac{\partial h}{\partial y} = -\frac{H}{\left[\dfrac{0.5T}{W + r_0(1 - W/T)} + 1.5\right]\ln\dfrac{2L}{r_0}} \frac{y\left[(L+x)^2 - (L-x)^2\right]}{\left[(L+x)^2 + y^2\right]\cdot\left[(L-x)^2 + y^2\right]} \tag{1.17}$$

当 $x=L$ 时，即经过管涌点平行于堤线方向上的水力坡降 J_y 为

$$J_y = \pm \frac{H}{2\left[\dfrac{0.5T}{W + r_0(1 - W/T)} + 1.5\right]\ln\dfrac{2L}{r_0}} \cdot \frac{8L}{(4L^2 + y^2)y} \tag{1.18}$$

式中，当 $y<L$ 时取"–"，当 $y>L$ 时取"+"。

用式(1.15)、式(1.17)可估算出堤内管涌发生时的影响范围，xOy 平面上它是一个长轴位于 x 或 y 轴上的近椭圆形，也可采用式(1.16)、式(1.18)仅计算两轴向的长度来大致估算。

试验表明，当管涌发生后，其发展方向是溯源而上的[22,51,58]，即沿着水力坡降最大的方向发展。毛昶熙等[58]提出一种估算方法：先计算涌砂范围的上游边界，再次计算时就以此边界为假想的新管涌孔中心，同时认为此涌砂冲蚀段已调整为临界坡降状态，扣除此段水头损失，以剩余的总水头代入式(1.16)计算下一次的管涌冲蚀发展距离，如此逐段迭代求得向上游冲蚀的最远距离。但由于管涌带出大量土层中可动颗粒，形成管涌通道，其渗透性发生了很大变化，估算管涌冲蚀发展时，简单地按在 x 方向上平均水力坡降来计算，误差较大。设管涌刚发生时土体的渗透系数为 K，土体中的可动颗粒全部被冲出时的，即管涌通道上的渗透系数为 K_0，显然，$K_0 > K$。这意味着在管道区地下水力坡降较管道前端到地下水入渗处这一段的为小。如果发生的是有害管涌，由于水力坡降分配不均，将加速管涌向上游发展的速度。因此，考虑管涌通道的水力坡降的变化是很有意义的，这一点可通过通道渗透系数的变化来体现。

毛昶熙等[58]指出，对于粉细砂地基中承压水过高顶穿覆盖土层后的承压水平渗流，以最短渗径计算，其平均临界坡降为 0.1，它与砂层厚度和江边堤线长度有关，相差可达 20%，但砂层顶面加糙又可提高抗冲能力 50%。因此采用以最光滑有机玻璃盖板接触面试验的临界坡降 J_x 为 0.1，应当是安全的。考虑天然堤基可能存在薄弱部位和保证大堤安全起见，建议粉细砂地基最小允许坡降采用 0.07。这样，相当于管涌发生地点距堤线 10～15 倍的总水头以远，就无害于大堤安全。

刘杰等[61]认为毛昶熙等[59,60]粉细砂的最小允许坡降取 0.07 过小，过于保守，实际上应比 0.29 还要大，并列出了国内外试验数据加以证明。

茹建辉[62]却认为毛昶熙等[59,60]粉细砂的临界坡降取 0.1 偏于冒险，认为距渗流入口 30 倍水头之外才是无害的。认为其偏大的原因是没有充分考虑垂直方向和水平方向渗流场对管涌及其冲蚀作用的影响，并指出刘杰等[61]列举的研究成果不能较准确地模拟堤防地基地质构造和渗流场的特点，不宜用于判断堤防地基出现的管涌及其冲蚀变形特性。

周红星等[63]认为以往的模拟试验中采用水泥砂浆或有机玻璃代替覆盖层，在材料性质上和实际的覆盖层相差过大。因为实际的覆盖层性质是介于完全刚性和完全柔性之间，即使采用黏土模拟，也由于模型比尺寸问题，压重达不到实际效果。因此他采用两种不同材料，完全刚性材料——水泥砂浆，完全柔性材料——密封水袋，模拟二元堤基中的覆盖层，研究这两种不同的材料对管涌发展的影响。试验现象和结果表明，堤防管涌破坏同上覆盖层的容重、层间的摩擦系数等有关。因此，与该试验临界水力坡降值相比较，实际堤防管涌破坏临界坡降还大于此试验值。

李守德等[64]研究认为堤坝发生管涌破坏时，渗流场具有强烈的空间特性，提出以一维通道嵌入三维块体的方法，克服了在三维问题有限元模拟方法上存在的困难。在探讨均质土坝管涌发展过程模拟方法的基础上，使用数值方法分析了土坝管涌发展过程的渗流场时空分布特性；揭示了管涌发展过程中渗流力集中状况及其变化规律。

蒋严和蒋欢[65]提出土体渗透稳定性的填充系数分析计算方法，认为土体渗透稳定性研究包括地层构造特征、砂砾卵石管涌、互层土的层状管涌和自然界的不可抗力因素等几个方面，对管涌地层构造和层状管涌进行了分析。应用 453 个管涌试验资料，对现有的国内外 7 种砂砾石渗透定性分析计算方法进行了验证。提出了填充系数理论，制定了土体渗透破坏形式的填充系数判别式和管涌临界破坏坡降计算图。他将填充系数定义为细料总体积与以混合料总体积为 1 时的骨架实际孔隙体积之比值，这时的骨架孔隙体积与混合料的骨架孔隙率数值相等。细料总体积和骨架孔隙实际体积用土的基本物理性质指标换算求得，填充系数计算公式为

$$C_n = \frac{P_{<2}\rho_{\mathrm{d}}'' / \rho_{\mathrm{d}}}{1 - P_{>2}\rho_{\mathrm{d}}'' / \rho'} \tag{1.19}$$

式中，$P_{<2}$ 为混合料中小于 2 mm 的颗粒质量分数(%)；ρ_{d}'' 为混合料天然干密度 (g/cm^3)；ρ_{d} 为细料天然干密度(g/cm^3)；$P_{>2}$ 为混合料中大于 2 mm 的颗粒质量分数(%)；ρ' 为砾卵石(骨架)的质量密度。C_n=1，表示细料已填满骨架孔隙或砾卵石颗粒被细料撑开状态；$0 < C_n < 1$，表示细料填不满骨架孔隙；$C_n = 0$，表示骨架孔隙中没有细料存在。

从以上的管涌研究发展过程可知，国内外对管涌研究较多，各家各有优势与不足，至今还不完善。更为重要的是，前人的研究基本上针对松散层土颗粒本身进行的。而对堤坝渗透破坏而言，很多情况下是由于基岩存在集中渗漏通道造成的[10,51]，而这一点，正是目前的研究工作很少涉及的。

1.3　岩体渗流及软弱结构研究状况

1.3.1　岩体裂隙渗流研究状况

岩体集中渗漏通道的形成与岩体水力学有关，体现在三个方面：岩体集中渗

漏通道对渗流的控制作用，渗流对通道的影响，以及二者的相互影响。这是从岩体与水相互作用的研究中引申而来的。因此，有必要回顾一下水岩相互作用的研究状况。

自从 Darcy 发现裂隙岩体中地下水的渗透规律以来，虽进行了大量的研究，但由于控制变量较多，一直没有大的突破，研究的重点仍然放在裂隙介质的复杂性及其对水流的控制方面。Louis[66]运用单裂缝试件进行单向水流的室内模型试验，综合研究了天然裂隙表面粗糙度和波纹特性对水流速度的影响，确立了层流状态和紊流状态的单个裂隙导水系数方程，并运用多裂缝试件导出一组平行裂隙面定向导水系数的表达式。对于导水系数的现场确定，主要有抽水试验及压水试验，还有气体试验及示踪试验。

在岩体渗流模型研究方面，人们做出了大量的工作，存在两种观点：把裂隙岩体视为等效连续介质和非连续介质。等效连续介质的观点认为这种影响可通过对裂隙岩体渗透系数张量的修正进行考虑，基于渗透系数张量的等效性，裂隙岩体可以看作等效的连续介质，并直接借鉴经典的多孔介质渗流力学的理论和方法进行研究，这种方法的优点在于可以直接借鉴经典的多孔介质渗流力学中已经发展的比较完善的理论和数值模拟方法。由于介质的等效连续性，数值模拟的结果一般不能准确地反映耦合场中的某一具体点处的水头或孔隙压力，而能较好地反映整个耦合场内水头、孔隙压力等的整体分布情况，这正是工程上最为关心的问题。因而，等效连续介质模型在岩体渗流-应力耦合问题的研究中依然具有重要地位。

非连续介质渗流的观点则认为，岩体是由导水性较好而储水性较差的裂隙和导水性较差而储水性较好的岩块组成的复合体，岩体中裂隙相互连通构成连续网络，流体仅在裂隙网络中流动，作为固体基质的岩块，其渗透性能与裂隙相比可以忽略。基于单一裂隙面的渗流模型、裂隙网络各节点处水流量的平衡条件及孔隙压力沿裂隙面的连续性条件，可建立起裂隙介质的渗流场方程。显然，对于整个渗流场受几条集中裂隙控制的问题，基于裂隙渗流观点的模拟结果应该更符合工程实际情况。

岩体裂隙的存在，使得岩体的渗流性质不同于一般的多孔介质，具有复杂性、特殊性，如非均匀性、各向异性及与应力有关的特性。于是人们的研究工作从最简单的单裂隙面开始。

单裂隙面是构成岩体裂隙网络的基本元素，岩体的渗透性能和渗透方向不仅与裂隙网络的发育、切割特征有关，还与单个裂隙的几何特征，如裂隙的宽度、方向、粗糙性和充填性等密切相关。Lomize[67]、Romm[68]、Louis[69]首先进行了平行板裂隙的水流实验，证明了立方定律，即缝隙中的流量与隙宽的三次方成正比。而实际天然情况下的裂隙面大多是粗糙不平的，于是一些学者[68-77]相继对粗糙裂隙的水流特性进行了研究，根据对粗糙性定义的不同，分别提出了相应的修正立方定律，进而提出等效水力隙宽概念。由于天然裂隙有一定程度的充填物质，裂隙的渗透性不仅与裂隙的宽度有关，还与充填材料的性质有关，如充填材料的颗粒组成、孔隙率、颗粒直径等。速宝玉等[78]采用两平行玻璃板模拟裂隙，以河砂作为充填材料，通过试验研究和数学推导，提出了充填裂隙渗透系数的计算公式。随着饱和裂隙渗流理论的发展和完善，以及工程建设要求的提高，人们近年来开始致力于非饱和裂隙渗流的研究。对于单裂隙面非饱和渗流问题，其渗透率不仅与影响饱和渗透率的裂隙粗糙性、隙宽等因素有关，还与裂隙的饱和度有关。例如，Pruess 和 Tsang[79]将单裂隙面视作若干个不同开度的小平行板裂隙的组合体，提出了非饱和裂隙渗流的概化模型。Kwicklis 和 Healy[80]、Glass 等[81]提出了相对渗透率-饱和度的关系式。周创兵等[82]提出在缺少裂隙毛细压力与饱和度试验资料时可采用的计算公式。由立方定律可知，裂隙面的渗流量与隙宽的三次方成正比，也就是说，隙宽的微小改变必将引起渗流量重大变化，而隙宽的大小又受作用在裂隙面上的应力所控制，因此在探讨裂隙渗流特性时，还需考虑应力作用的影响。应力作用下单裂隙面的渗流特性是人们近年来研究的重点。由起初主要研究法向应力下裂隙面的渗流特性[83]，到考虑到实际岩体裂隙中存在的复杂应力状态。后来 Hicks 等[84]、赵阳升等[85]又进行了剪切应力下和三维应力作用下裂隙渗流特性的研究。何翔在等效连续介质模型的基础上，采用随机场理论对岩体参数空间变异性进行描述，并采用随机有限元法对含随机参数的耦合场进行数值模拟，可得到孔压、应力、位移等场变量的随机分布特征。作为工程岩体渗流分析的重要基础，人们在单裂隙面渗流特性方面的研究已取得了较为丰硕的成果，提出了多种多样的经验或理论公式，但需注意的是，在运用这些公式时，一方面要考虑公式中所包含的参数是否容易获得，另一方面需对近似公式的合理性作进一步验证[86]。

单个裂隙在自然界中是较少存在的，于是，人们又研究了多组裂隙、交叉裂隙渗流规律。田开铭[87]认为多组裂隙交叉时，各裂隙的水流将相互影响而发生偏流，并对偏流问题进行了讨论，得出了交叉裂隙具有"偏流效应"的结论，后发展成偏流理论。但速宝玉等[83]通过试验及有限元计算证明在裂隙网络的渗流分析时，不必单独考虑裂隙水的偏流问题，而整个岩体的渗透系数张量可以通过各组裂隙的渗透系数张量叠加得到。Tsang 等[88]将绝大部分水流集中在缝宽较大的少数沟槽内的现象称为"Channeling"而提出了沟槽模型。有些研究者根据岩芯裂隙面的实测资料进行统计分析，并用计算机生成统计意义上的等效裂隙，在整个模拟范围内呈现出明显的沟槽现象。

自然界中，水流对岩体还具有反作用，这一过程包括物理力学与化学两个方面的内容。对于前者，国内外进行了大量的研究工作，主要是研究渗流体对岩体的物理力学作用及其本构关系的影响。水压力的改变会引起岩体材料所受应力的改变，这将导致地壳的破裂与形变，从而影响大型建筑物的基础、隧道、矿山坑道的施工。Louis[66,69]认为渗透压力对裂隙岩体的作用由三种体积力组成：①在一组平行节理中，由水的黏性产生的切向力；②静水压力及浮力；③动水作用力。后来，Tsang 和 Witherspoon[72]通过研究发现，当不考虑剪切变形因素时，得到的渗流-应力关系曲线与 Louis 的相比存在较大的差异，可见，剪切变形对其的影响不容忽视。国内在此方面的研究起步稍晚，主要成果[89]有：梁尧词、段小宁通过试验证明岩体中的渗透水压力对岩体的变形有重要的影响，动水压力导致裂隙开度增加及岩体变形，从而影响岩体的稳定性。张有天认为渗流分析的重要目的是通过渗流荷载下的应力分析，以判断岩体稳定性和设计加固措施。殷有泉讨论了有渗透作用的破裂带和均匀介质围岩系统稳定的尖顶突变模型，李成江通过对非饱和膨胀围岩的实验研究，得出了自由膨胀应变与含水量呈线性关系，围岩含水量的分布决定于水分的运动。周维恒从裂隙损伤力学的角度，阐述了渗流对裂隙损伤的断裂扩展过程的渗透张量方程。

在水文地球化学方面，汤连生和周萃英[90]运用水文地球化学理论、突变理论和伪张力法分析了受力岩体系统在地下水流体渗透和水化学综合作用下的破坏机理，给出了渗透作用下受压岩石宏观破裂判据。结果表明，渗透作用加剧了受力岩体裂隙相互作用，导致微裂隙扩展及其相互作用发生变化，从而改变裂隙较易聚集的方向；水化学作用使岩体强度降低，其生成的黏土矿物使裂隙扩展张力加大，这两方面的综合作用使得岩体破坏条件更易满足。

对于水岩两相介质(有时是三相，还包括气)，仅研究单向作用是不够的，其相互作用不可忽视。许多边坡、地基、堤坝的破坏性事故的发生，均与二者的耦合作用有关。特别是近二十年来，研究涉及应力场、渗流场、温度场、裂隙变形场、化学场、同位素场中的两种或多种场的耦合，以及岩体中水的渗流与传导物质的耦合。耦合方式由两场或多场交叉迭代法演变为真正意义上的全耦合法[91]。

总的来说，水与岩体的作用不可忽视，前人已进行了大量的研究，主要是水流对岩体的作用、岩体对水流的作用、二者的相互作用。这些研究工作对治理边坡、地基、隧道地质灾害具有重要的意义，但未见用于研究堤坝集中渗漏通道的形成，且该方面的工作也没得到重视，而这方面的工作也是相当重要的。对于堤坝基岩集中渗漏通道的形成，一般受控于岩体软弱结构。完整的岩体是难以形成集中渗漏通道的。

1.3.2 软弱结构研究状况

岩石的结构面是岩体内存在的原生层理、层面及以后在地质作用中形成的断层、节理、劈理、层间错动面等各种类型的地质界面。王思敬[32]认为工程上所指的软弱结构面实际上就是层状岩体的层间剪切带,它是岩体褶皱过程中由于软硬岩层间的相互剪切作用而形成的。目前,软弱结构面一般指的是岩体中在岩性上比上下或左右岩层显著软弱,而且单层厚度也比上下岩层明显较小的岩层[92]。

由于断裂、裂隙密集带或岩溶控制基岩集中渗漏通道的发育,可以借用土壤学的优势流(也称优先流)理论分析集中渗漏通道的形成。近些年来,优势流(preferential flow)已成为欧美等国相关水、环境、土壤物理等领域的研究热点之一。优势流一般是对土壤水运动而言,它是指土壤在整个入流边界上接受补给,但水分和溶质绕过土壤基质,只通过少部分土壤体快速运移。目前,对于土壤优势流定义公认的观点是:用于描述在多种环境条件下发生的非平衡流过程的术语[93]。尽管优势流产生的机理尚未完全明确[94],但已取得不少突破性的成果。由于地质构造、岩溶裂隙介质具有强烈的非均质性和各向异性,岩溶地下水沿着强径流带运动[95],表现出类似土壤优势流的特性。因此,广义上讲,这种集中渗漏通道也可称为优势流。这种优势流与地质结构面密切相关[96],而地质结构面常与地质构造有关。周念清和钱家忠[96]及倪宏革和罗国煜[97,98]提出的优势面控水、控稳,孙峰根等[99]提出的基岩水做选择流动等,其实质都是指基岩裂隙介质中的优势流问题。构造控制的裂隙或岩溶介质中优势流的存在正是介质各向异性的具体反映,因此,通过优势流的研究有助于研究堤坝基岩集中渗漏通道的形成机制。而优势流一般起源于岩体的软弱结构。软弱结构面一直是水利水电工程建设中的一个重要工程地质问题,多年来引起了工程界、学术界的普遍关注。软弱结构面对工程的影响,前人也做了许多研究。

曹敦履和范中原[100]对软弱层(带)的渗流稳定性进行了研究,指出软弱层渗透变形的形式有流土、冲刷、劈裂、灌淤四种。

Henley[101]将突变论引入软弱结构面的研究中。

曲永新等[102]研究了黏土岩泥化夹层的形成,并探讨了水库蓄水后黏土岩泥夹层在渗压水长期作用下的变化趋势。项伟[103]研究了黏粒含量对泥化夹层抗剪强度的影响。赖国伟等[104]对具有软弱结构面的坝基进行了抗滑稳定分析,取得了有益的探索成果。张咸恭等[105]对围压效应与软弱夹层泥化的可能性进行了分析,聂德新等[106]对天然围压下软弱层带的工程特性及当前研究中存在的问题进行了分析,均得出了有益的结论。孙万和等[107]以葛洲坝坝基层间剪切带为例,对现场条件进行了模拟。吴彰敦[108]对坝基深层抗滑极限平衡分析方法进行了改进,该法考虑了多个参数，更符合实际。张倬元等[109]对向家坝水电站坝址软弱夹层进行了深入的研究。

黄润秋和许强[110]论述了突变理论在工程地质中的应用。胡卸文[111]以金沙江溪洛渡水电站为例，对坝区软弱层带的工程地质系统进行了研究。范华[112]对张河湾抽水蓄能电站上库坝基软弱夹层稳定性进行了试验研究。

王来贵等[113]对含有结构面的岩石试件力学系统滑动稳定性进行了较为深入的研究。马良荣和王燕昌[114]将非线性边界元引入含有软弱结构面的岩体分析中，用符合莫尔-库仑准则的 Goodman 节理单元模拟岩体中的软弱结构面，给出了非线性分析方法，并针对多子域问题，采用了一种有效的分块求解技术，使得大型复杂的工程问题可用微机进行分析计算。

钱保国和吴彰敦[115]将蒙特卡罗方法应用到坝基深层抗滑稳定可靠度分析中。李瓒和龙云霄[116]对重力坝拱坝地基岩体抗滑稳定性分析中遇到的问题做了一些探讨。郭磊等[117]论述了汾河二库坝基岩体中软弱结构面的空间分布和发育规律，分析研究了软弱结构面的物质组成、抗剪强度、成因及类型等工程地质特征，论证了其对坝基岩体抗滑稳定的影响，并采用了相应的工程处理措施。施建新[118]则对不同施工状态坝基层间剪切带松弛变形机理进行了探索。

Al-Homoud 和 Tanash[119]对软弱结构面在大坝设计中提出了一些不确定性模型。边义成和缑斌[120]对洮河九甸峡水利枢纽坝址区软弱结构面进行了研究，通过 9 组现场试验，取得了良好的试验结果，并采用数学地质知识对试验结果进行了可靠性分析。

软弱结构面抗剪强度指标的影响因素较多，如破碎带物质成分、粒度级配、含水率、孔隙比、干密度等。强度指标与诸因素之间实质上是一种多参数相关的非线性关系，可用以下函数表示：

$$\psi = f(\rho_s, d_{60}, w, \rho_d) \tag{1.20}$$

式中，ψ 为软弱结构面的摩擦系数；ρ_s 为破碎带土体的颗粒密度；d_{60} 为限制粒径；w 为含水率；ρ_d 为干密度；$f(\cdot)$ 为非线性函数。

为此，柴贺军等[121]利用野外对结构面的地质描述和室内试验获得的软弱层带的物理性质，将改进的进化遗传算法应用于溪洛渡水电站坝区软弱结构面力学参数的获取，将 9 个试验点的预测值与实测值比较，误差小于 4.6%，表明具有较高的可信度，是软弱结构面力学性质预测的一种新方法。

张嘉华和徐维国[122]对万家寨水利枢纽坝基层间剪切带处理进行了论证。袁天华等[123]以采取现场断层软弱结构面试验和室内模拟试验相结合的方式，获得软弱夹层的抗剪参数。实践证明，把两种方法结合起来的试验成果可靠，尤其对一些不具备进行现场大型岩体软弱夹层抗剪试验的工程，采用室内中型直剪仪进行剪切试验具有实用意义。

唐良琴等[124]在大量试验资料基础上，研究了沉积岩地区某重力坝电站坝址区软弱夹层粒度成分和抗剪强度参数之间的相关关系，建立了不同稠度状态下的相关方程。

吉林等[125]为了克服利用传统的目标函数难以精确反演软弱夹层与结构面力学参数的困难，引进了岩体宏观应变的概念，构造了一种新的目标函数，可克服力学参数灵敏度的尺寸效应，增加软弱夹层与结构面力学参数在目标函数中的灵敏度，因而可以较为准确地反演出层状岩体中软弱夹层与结构面的参数，并用两个具体的算例证明了该方法的正确性。

周翠英等[126]认为东江-深圳供水改造工程中遇到的红层的软化主要是由黏土矿物吸水膨胀与崩解机制、离子交换吸附作用、易溶性矿物溶解与矿物生成、软岩与水作用的微观力学作用机制、软岩软化的非线性化学动力学机制的综合作用造成的。其中，黏土矿物吸水膨胀与崩解机制、离子交换吸附机制及软岩与水相互作用的微观力学作用机制在该类软岩软化中起主导作用。

王建国等[127]为了解决沉积岩体露天开采时的边坡稳定问题，根据岩体中软弱结构面的力学特性，分析总结了受软弱结构面控制的矿山软岩边坡稳定性的研究方法。探究了受控于软弱结构面的边坡的滑坡模式、计算方法以及强度指标的选取原则。

李卫中和刘庆华[128]认为泥化夹层的强度特性与其本身的厚度、裂隙的强度、宽度、充填程度、充填物的性质、胶结程度有关。

从他们的研究方向中不难看出，研究者对软弱结构面的强度进行了深入的研究，而对其渗透变形问题涉及很少。因此，更有必要对软弱结构面造成堤坝基岩集中渗漏通道进行研究。

软弱结构面一旦发育成为地下水集中渗漏通道，对水工建筑物的影响是很大的，有时甚至是致命的。因此必须考虑对集中渗漏通道进行防渗堵漏处理。对于已建成的堤坝而言，首先必须探测集中渗漏通道的具体位置。

1.4 堤坝集中渗漏常规探测方法

西方国家在防洪堤坝建设上的投入比较大，堤坝工程质量也较高，且多为混凝土结构，因此堤坝安全隐患小，一般没有大的渗漏，因此在渗漏探测技术和设备研制上投入不足，只有美国和瑞典生产过用于混凝土水利工程隐患探测的设备。国内探测渗漏的方法基本上都是基于地球物理勘探手段[129-131]。

1.4.1　电法勘探技术

电法勘探技术在 20 世纪 80 年代用于水利工程渗流的隐患的原体探测。它提高了工作效率，使有损检测变为无损检测，检测范围也加大了。电法勘探技术主要有直流电阻率法，包括高密度电阻率法、激发极化法、自然电场法等。工程中往往采用其中一种或几种方法的结合，无须钻孔就可以达到原体探测浸润面、集中渗漏通道、强透水砂砾石等。其缺点主要有：对于具有几何形状的堤坝探测理论及测试方法还有一些不尽完善的地方，资料的解释也有待从定性、半定量逐步提高到定量阶段，还需要加强实验，并从探测实践中总结经验。

1.4.2　CT 技术

CT 技术是在不破坏物体结构的前提下，根据在物体周边所获得的波速或 X 射线强度等某些物理量的一维投影数据，通过计算机进行一定的数学运算处理，重建物体特定层面上的二维图像，并依据一系列二维图像重构该物体的三维图像。20 世纪 70 年代末该技术开始在地球物理探测中应用，利用地震波进行地层层析成像，一般称地震波析，80 年代中期开始在水利工程中应用。意大利发展了声波层析探测技术。它是利用直达波走时对坝体介质的波速分布进行反演，从而获得大坝的 CT 成像。日本也开展了大坝 CT 研究。1990 年日本国际协力事业团曾协助我国对丰满大坝进行了 CT 检测，获得 20 个坝段的横剖面波速分布图。CT 技术目前主要适合于对混凝土大坝的检测，尚未见 CT 技术在土坝特别是江河堤坝隐患探测中的实际应用。因此，该技术尚未得到普及。

1.4.3　探地雷达技术

探地雷达是近二十年迅速发展起来的一种无损地层探测新技术。由雷达主机控制地面天线向地下发射宽频带短脉冲的高频电磁波，由于地下不同介质的介电常数不同，电磁波在介质中的传播速度也就不同，当电磁波遇到不同介电常数的分界面时，就会产生反射，该高频电磁波经地下地层或目的体反射后返回地面，被地面接收天线接收，通过对接收的反射波场的成像处理来获取地下目的体的图像，经过对该图像的分析解释，得到地下目的体的有关信息。由于渗漏产生的强渗流或脱空，破坏了大坝介质的原有特性，在这些隐患出现的部位，介电常数存在较大差异变化，在其隐患分界面处，会产生较强的雷达波能量反射，分析接收的雷达波形，就能确定隐患的具体位置分布变化，所以采用地质雷达的方法有时能有效地查明隐患的分布情况[132]。

由于探地雷达探测图像是对地下介质物质构成、结构密度、含水率、孔隙率等特征的综合反映,所以如何细致地识别、分离这些特征,是能否把探地雷达应用于水利工程探测与工程隐患预报的关键。对于堤坝而言,其坝体的安全至关重要。因此,借助国外探地雷达探测技术,同时又结合我国水利工程的特殊应用环境,对该技术性能及应用方法作进一步深入的研究,开发一套基于探地雷达技术的堤坝险情及隐患快速探测系统,对确保堤坝安全度汛有着十分重要的意义。

实践表明,对于较深层隐患的探测,没有哪一种无损物探方法是很成功的,就目前的物探仪器的水平来看,完全依靠地球物理方法探测渗漏的发生堤段是存在风险的。

地球物理勘探渗漏研究存在一定的困难和局限。事实上,地层介质与地下水之间是相互作用的,这种作用包括物理的和化学的,甚至是生物的,地层介质的特征经水-岩间的各种作用后,在地下水流场,包括化学场、温度场等中必有所反映。应用基于地下水天然流场的综合示踪(天然示踪和人工示踪方法)探测技术研究渗漏问题可以弥补地球物理勘探手段的不足。调查渗漏问题,如无天然示踪和人工示踪方法的应用,在很多情况下要查清楚水库(堤坝)的渗漏是不可能的[133]。往往采用示踪方法可以对水库的渗漏处理提出更可靠和经济的方案。

1.5 示踪技术探测堤坝渗漏通道研究状况

广义地讲,示踪技术是基于地下水化学场和温度场,利用多种渗漏探测手段对堤坝渗漏探测,对测试结果进行比较,以达到相互印证的目的,从而更大程度上保证了渗漏探测的准确程度。目前综合示踪主要是利用地下水的温度、电导、环境同位素或水化学成分等天然示踪法和人工示踪法相结合进行渗漏测试。

示踪方法包括天然示踪法和人工示踪法。

1.5.1 水的天然示踪方法研究状况

1. 水的天然示踪

1)水的温度
(1)由温度场分析研究堤坝渗漏。

根据江河水或库水的温度变化与堤内或水库下游钻孔或泉水、管涌水的温度对比关系,可以大致判断下游冒水对应于水库的哪一深度。在某些可能的情况下只要进行简单的测量就足够了,但是在大多数情况下,为了建立江河水或库水与下游冒水处如管涌点之间的温度变化关系,需观测足够长的时间,有时还需要二者之间的钻孔温度测量,这对江河或库水的渗漏途径的了解是相当重要的。温度电导仪可方便地测到数据，还可同时测量出不同点的电导率。国内外的许多实例都表明测量温度和电导的重要性[134]。

欧美国家从 20 世纪 50 年代开始，就采用温度场来研究岩土体渗流[135-140]。Ge[141]、Beckera 等[142]利用测井水温通过作图法估计局部裂隙处地下水流速。Anderson[143]指出，温度可用来刻画河底生物带的水流、估计海底地下水的排泄量、海水界面的深度，以及地下水−热耦合模型的参数估计，但地下水温度数据与关联分析工具当前还没被充分利用，其丰富的潜能还没有被意识到。

该方法在 20 世纪 80 年代被引入我国，得到我国的科技人员的广泛应用[144-153]。

王新建[154]运用温度场，高度模型化、高度定量化探测堤坝集中渗漏研究，从简单到复杂，系统分析和研究该问题：从稳态到瞬态、从一维到多维，考虑渗流影响、不同边界类型，运用回归和优化分析方法进而采用优化设计完成复杂问题的优化，从而达到探漏的目的。

(2)温度场与渗流场等的多场耦合研究[155]。

岩体中渗流场与温度场是相互作用、相互影响的。一方面，岩体渗流场的存在与改变，将使渗漏水流参与岩体系统中的热量传递与交换，从而影响岩体温度场的分布；另一方面，岩体温度场的改变，既可引起水的黏度及岩体渗透系数的改变，还会由于温度梯度(或温度势梯度)的存在引起水的运动。另外，温度的改变还有可能引起水的相变。岩体中渗流场与温度场双场相互作用、相互影响的结果，会使双场耦合达到某一动平衡状态，即温度场影响下的渗流场及渗流场影响下的温度场处于平衡状态。近年来，考虑岩土体三场耦合(应力场、渗流场和温度场)机理及应用研究在国内外都引起了广泛关注。耦合理论从 20 世纪 50 年代美国水库诱发地震分析的萌芽，到 20 世纪 80 年代 Witherspoon 等[156]的正式提出，直至 20 世纪 80 年代以来 Noorishad 等[157]的完善发展，主要都局限于工程岩体地下水渗流场与应力场之间的耦合作用分析研究。20 世纪 80 年代中期 Barton 等[76]对工程岩体地下水渗流场、应力场与温度场之间的耦合作用进行了初步的探讨性研究，但只是针对工程岩体的稳定性和冻土地区隧道涌水问题进行了个别应用性研究，到目前为止尚缺乏全面系统的理论体系研究。我国对该领域的研究始于 20世纪 80 年代末期，王建新[154]、董海洲[155]等学者进行了有意义的探索和研究。

目前，有关渗流场与应力场、应力场与温度场之间的耦合研究比较多，在工程实践中也得到了较好的应用，但有关温度场与渗流场的耦合研究却相对薄弱。

2)水的电导率

水的电导率是一个极容易测量的参数，对于调查渗漏能提供很多有价值的信息。就水库而言，在深层地带测量竖直方向电导率的大小范围是必要的，这对调查盐度的层化有很大帮助。调查堤坝集中渗漏通道时，需对所有的点包括水库、钻孔中水、泉水的电导率进行周期性测量。

2. 利用水的化学成分及稳定环境同位素研究地下水的起源与形成条件

利用环境同位素及地下水水质的分析，结合地质条件，对调查堤坝渗漏具有很重要的意义。地表水进入地层后，化学成分及环境同位素的变化携带了丰富的信息，可以从中知道地下水渗漏过的一些岩层的天然性质。反之，了解岩层的天然性质及地下水成分可推断地下水是否流经该岩层。在许多情况下，对孔或泉水的水化学和同位素成分分析可探测已存在的集中渗漏通道[51,152,158,159,208]。

通常溶解于水中的主要成分有：

阴离子：Cl^-，　SO_4^{2-}，　NO_3^-，HCO_3^-，CO_3^{2-}。

阳离子：Na^+，　K^+，　Ca^{2+}，Mg^{2+}。

对这些化学离子，可采用模糊数学进行分析，以确定不同水样的补给关系，进而确定地下水的渗漏途径[158,160]。常用的稳定环境同位素主要有 D、^{18}O。

稳定同位素分析主要可以研究自然界稳定同位素的丰度及其变化，而稳定同位素丰度发生变化的主要原因是同位素的分馏作用，即同位素在不同物质或不同物相间分布不均匀的现象。当分馏作用发生时，轻同位素和重同位素在物质间的分配发生变化，一些物质中富集轻同位素，而另一些物质中相对富集重同位素。同位素分馏主要包括平衡分馏和动力学分馏。前者包括物理化学过程，这些过程最终都达到平衡状态，这时同位素在不同矿物或物相中的分布维持不变，可以将其当作同位素交换反应的结果，其特点是不发生通常的化学反应，而只是在不同化合物之间，不同相之间或某个分子的不同同位素之间发生同位素分配的变化，这种反应是可逆的；后者是不同类型的物理、化学、生物过程的动力学性质都能引起的一种分馏过程，它可能在同位素达到平衡之后由于外界条件的变化而发生，它是不可逆的。

天然物质中氢和氧的同位素组成分别用 δD 和 $\delta^{18}O$ 表示。大气水同位素组成的 δD 和 $\delta^{18}O$ 值之间有明显的线性关系[161]：

$$\delta D = 8\delta^{18}O + 10 \tag{1.21}$$

将某一地区地下水及降水的氢氧同位素测定结果标于 δD-$\delta^{18}O$ 相关图上，根据样品点的分布，可以判断地下水补给来源。

同位素分馏效应使降水中的重同位素含量随之变化，主要包括温度效应、高程效应、纬度效应、季节效应等。按照高程效应原理，δ 随地下水补给高程的增大而减小。大致地形高度每上升 100m，δ 值减少 2‰～3‰，根据这一关系可以估算补给区的平均高度，从而帮助确定补给区。

　　在钻孔不同高程(或深度)取样进行同位素及化学成分分析,来判断集中渗漏通道的位置,所以,取样点的准确性是很重要的,所取的水样与孔中不同高程的水体不得进行混合,否则,就可能得到错误的结论。因此定点取样并保证所取水样不与外界交换是很重要的。为此作者研制了定点取样器——弹簧压卡式取水器[162]。

　　此外,还可用放射性环境同位素 ^{14}C、^{3}H 及 CFC 等来确定地下水年龄。

1.5.2　水的人工示踪方法研究状况

　　在钻井中用人工示踪方法获取地下水参数的技术称为测井。测井提供了一种在单孔测定渗透流速 v_f 的方法。其中有机械旋转测流计(mechanical spinner flowmeters)[163,164],但局限于其低灵敏度下限 10^{-2}m/s。在自然条件下井中水平流速变化范围为 $10^{-6}\sim10^{-4}$ m/s。还有悬浮颗粒的多普勒散射、光学示踪。但这些方法被近来证明是不可靠的[165-167]。当前,稀释技术能够估计水平流速[168]。

　　自 Fox 发表《用放射性同位素示踪地下水运动》以后[169],Moser 等[176]、Ogilvi[170]描述了孔中测井的稀释技术的原理及其应用。对于任何种类的示踪剂,当不考虑弥散作用时[171],存在如下关系(点稀释公式):

$$\ln C_i = -\frac{2v_a t_i}{\pi r} + \ln C_1 \tag{1.22}$$

式中,C_i 为 t_i 时刻示踪剂浓度;v_a 为渗透流速;r 为钻孔半径;C_1 为初始时刻示踪剂浓度。

　　但这里的 v_a 是指表观的渗透流速,由于孔的影响应被校正[171,172],应除以系数 α,这是个很难确定的数,普遍接受的数值是 2[168]。式(1.22)是基于地下水流严格水平的假设。当存在垂向流时,应采用栓塞阻止[171,174],或在水平流计算中扣除[173]。

　　Drost 等[174]进行了比较系统的实验工作,将同位素示踪方法发展成为可以实际应用的孔中测量技术。

　　唐金荣[175]、董海洲等[152,155]对井管附近的 α 值的求解用位势法做了严密的数学推导,α 系数值的计算公式为

$$\alpha = 8\left(\left(1+\frac{K_3}{K_2}\right)\left\{1+\frac{r_1}{r_2}+\frac{K_2}{K_1}\left[1-\left(\frac{r_1}{r_2}\right)^2\right]\right\} + \left(1-\frac{K_3}{K_2}\right)\left\{\left(\frac{r_1}{r_3}\right)^2+\left(\frac{r_2}{r_3}\right)^2+\frac{K_2}{K_1}\left[\left(\frac{r_1}{r_3}\right)^2-\left(\frac{r_2}{r_3}\right)^2\right]\right\}\right)^{-1}$$

$$\tag{1.23}$$

式中符号如图 1.4 和图 1.5 所示。经分析,$0 < \alpha < 4$。

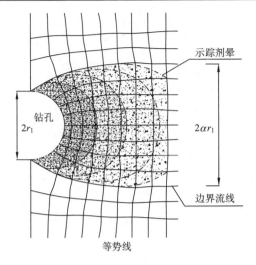

图 1.4 钻孔引起渗流场变化

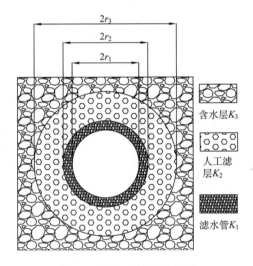

图 1.5 带人工滤层的钻孔

在理想钻孔中不下滤水管和填砾的情况下，即 $K_1=K_2=K_3$，$r_1=r_2=r_3$ 时，代入可得 $\alpha=2$。

在示踪试验中，示踪剂的选择是很重要的。短衰变期的放射性同位素示踪剂[171,173,174,176]（如 $Na^{131}I$）具有得不到卫生管理部门认同的不便之处，有时即使常用的盐类（如 $NaCl$、KCl）示踪剂也面临相同的障碍。还有一种反向示踪方法：采用去离子的水作为盐类示踪剂[177,178]。但它要求一套精密设备来去除钻孔水柱中的离子。

Pitrak 等[168]介绍了一种食物工业染料示踪剂：亮蓝 FCF（欧洲代号 E-133）。过去，曾采用光度探测器[179,180]，但它对可见光敏感。而近来研究了一种仅对单色频的亮蓝敏感的探测器，成功应用于两个工程实例。FCF 易被固体吸附[181]。孔中稀释物被水平流带走，示踪剂一旦离开钻孔，剩余吸附物不再影响稀释结果。

点稀释公式在工程实际中得到了广泛的应用。可用来确定沉积岩、岩浆岩中破碎体的渗透性[182-194]。但在示踪试验过程中，均没有考虑示踪剂的弥散效应。

Bernstein 等[195]认为点稀释公式应用于低渗透性、高孔隙率的含水层，如果不考虑示踪剂的弥散作用，则误差很大。于是建立了一个模型，并在一口直径 25cm 的钻孔中得到验证。

但点稀释公式具有以下局限性：①具有强烈的点的特征，需要多次测量；②使用止水栓并不能保证不存在垂向流。但它是最基本的公式。

基于点稀释的局限性，当被测含水层中存在垂向流干扰时，仍可以考虑全孔标记示踪剂进行测量[207,211]（图 1.6）。此时

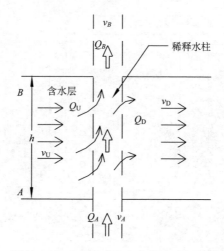

图 1.6　有垂向流时孔中水的运动示意图

$$v_f = \cfrac{\pi r}{2\alpha\left[t - \cfrac{(v_A - v_B)t^2}{2h} + \cfrac{t^3}{3}\left(\cfrac{v_A - v_B}{h}\right)^2 - \cfrac{t^4}{4}\left(\cfrac{v_A - v_B}{h}\right)^3 + \cdots\right]} \ln(C_0 - C) \qquad (1.24)$$

图中和式中，v_A、v_B 为孔中地下水流速；v_U、v_D 为含水层上下游地下水流速；Q_A、Q_B 为孔中垂向流量；Q_U、Q_D 为含水层上下游地下水流量；h 为含水层厚度；r 为孔径；其余符号同前。

然后又对广义稀释定理的适用性进行了深入的讨论。

由于垂向流的存在对广义稀释定理有较大的影响，因此有必要进行测定。测定垂向流方法：峰峰法和累计法，但由于后者测定垂向流需要标定，测量精度低，故一般不采用。

峰峰法是将两支串联探头放置在井中示踪同位素将要通过的孔段，分别记录下两条计数率随时间变化的曲线。找出两条曲线的峰值所对应的时间 t_A 和 t_B，设两探头之间距离为 L，则垂向流速 v 为

$$v = \frac{L}{t_B - t_A} \tag{1.25}$$

在堤坝渗漏探测中，地下水流向是一个很重要的参数。流向测定：通过装有 6 支探测器的流向探头在孔中进行核计数率测定。将 6 支探测器测定的结果进行运算，计数率最大值的方向即为流向(图 1.7)。

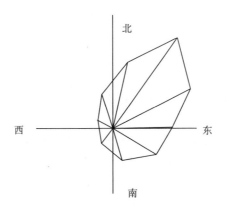

图 1.7　钻孔周壁放射性活度分布

陈建生等[210]提出了孔中多含水层涌水量、吸水量测定方法。由于各含水层的静止水位不同，将造成各含水层之间的地下水会通过钻孔进行补给。若静止水位高于混合水位，则含水层将向孔中涌水；反之，将吸水。各含水层涌水量或吸水量的大小，取决于各含水层静止水位与混合水位差，以及其导水系数的大小，可根据在隔水层测定的垂向流来求得(图 1.8)

$$\Delta Q_i = \pi(v_i r_i^2 - v_{i-1} r_{i-1}^2) \tag{1.26}$$

式中，ΔQ_i 为第 i 含水层的涌水量或吸水量；r_{i-1}、r_i 为孔径；v_i、v_{i-1} 为垂向流速。

渗漏带、渗漏点及裂隙、岩溶、断层等导水构造的探测，是监测坝基、煤田矿井涌水发生等勘察研究中十分重要的物探工作。将放射性同位素投放到孔中，用示踪仪进行跟踪测量，可查出主要渗漏点、渗漏带、渗漏方向等。在渗漏比较严重的地段，垂向流很强，示踪仪测量也很困难。这时，可选用具有吸附特性的

放射性同位素如 ^{131}I 等，就能容易地找到渗漏点。这种方法是其他水文物探方法难以取代的。

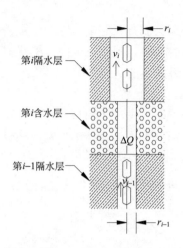

图 1.8　涌水量或吸水量测定示意图

此外，利用同位素示踪法还可测量多含水层混合孔渗透系数、导水系数、含水层的有效孔隙度、弥散系数等。

在验证通过上述方法确定的渗漏通道之间的连通性时，最传统和可靠的方法就是进行连通试验。这需要在前面探测的基础上，用此方法做最后的证实。连通试验是了解地下水来龙去脉的重要方法，其具体做法很多，概括可以分为两类：即水位传递法(包括闸水、放水、抽水等，以了解各水点之间的水力联系)和示踪剂法(包括各种浮标、化学试剂和放射性同位素等)。其中极少量的放射性同位素试剂即可标记大体积水体，检测的灵敏度很高，不改变地下通道中的水的自然状况。地下水连通试验的应用十分广泛，如水工建筑物的渗漏评价，地下水的来源和去向及边界条件的确定，城市给水排水的设计依据，地下水污染源的鉴别等，有些项目已列入有关勘察规范之中[196]，普遍受到各有关部门的重视。

确定渗漏通道时，根据工程不同地层岩性及地下水环境，可选用不同的示踪剂，如氯化物、溴化物、SF$_6$[197-199]、荧光素[200-203]、玫瑰精[204-206]等。

在单孔中采用示踪稀释方法测定含水层中地下水的渗透流速，人们取得了极大的成功。经研究发现，陈建生和董海洲[207]、董海洲和陈建生[152]、樊哲超等[208]在推导或修正广义稀释公式过程中，存在如下不足之处：①把图 1.6 中 AB 段被稀释水柱看作是沿高度变化的（受垂向流的影响），即 AB 段水体积 $Q(t) = \pi r^2[h + (v_A - v_B)t]$，但在对 $q = 2rhv_Dt$ 进行微分时，却没有考虑此处的 h 已经发生了改变。②对 $\int_{m_0}^{m}\dfrac{\mathrm{d}m}{m}=-\int_{0}^{t}\dfrac{2v_D\mathrm{d}t}{\pi r\left[1+\dfrac{(v_A-v_B)t}{h}\right]}$ 中的 v_D 进行求解时，为利用

泰勒展开式，增加了附加条件 $(v_A-v_B)t<h$，使其应用范围受到限制。樊哲超等[208]
把渗透流速看作是示踪剂稀释时间的函数，并对其求导，是值得商榷的。因为渗
透流速是客观存在的，与孔中是否含有示踪剂无关，自然不是示踪剂稀释时间的
函数。West 和 Odling[209]考虑了钻孔中示踪剂的扩散作用，在附近有抽水井进行
抽水的条件下，利用对流-扩散方程求得钻孔垂向流速、含水层的导水系数及储水
系数，但没有给出含水层水平流速的表达式。在前人工作的基础上，作者从被测
含水层示踪剂质量守恒原理出发，当存在垂向流时，考虑沿孔纵向示踪剂弥散作
用，忽略横向弥散的影响，利用微元法重新建模，做了严密的数学推导，给出了
修正后的广义稀释定理，并得到工程实例的验证，表明弥散作用不可忽略。

1.6 研究思路及成果

鉴于以上前人已取得的理论基础和实践经验，本书研究思路如图 1.9 所示。

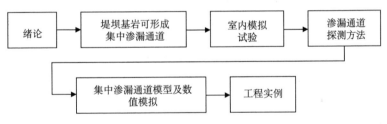

图 1.9 本书的研究思路

本书主要研究成果：

(1)研究软弱结构面在适当地质条件下，可形成集中渗漏通道。

针对红层基岩软弱结构面能否形成集中渗漏通道，在野外采取不同风化程度
的岩样，在室内分别进行浸泡、化学溶蚀试验、水力冲刷试验，并适当地进行对
比试验。结果表明红层作为堤坝基岩，在适当的自然条件下，可产生溶蚀。设计
一种岩体裂隙受水流冲刷的试验装置，定性、定量地论述了地下水造成裂隙冲淤、
岩块膨胀使隙宽变小，与软弱结构面受水流冲刷表面颗粒流失使裂隙变大的对比
关系。

(2)为了能够采取钻孔中指定深度的水样，为示踪技术提供采样点的未受外
界水混合的原状水样，研制了定点取样器——弹簧压卡式取水器。

(3)考虑弥散作用的示踪稀释测流物理模型研究。分析了广义稀释定理的局限性，考虑沿孔纵向示踪剂弥散作用，忽略横向弥散的影响，提出了考虑弥散作用的地下水水平渗透流速测定方法。

(4)对于涌水含水层的水平流速，由于示踪剂不能进入含水层，提出与注水试验相结合的方法来测定。

(5)提出基岩软弱构造形成集中渗漏通道，并进行数值模拟。

第2章　基岩集中渗漏通道的形成机制

本章在软弱结构面内讨论渗透变形问题，主要研究基岩集中渗漏通道的形成机制。首先，讨论软弱结构面的含义、分类以及泥化因素，将软弱结构渗透变形进行分类。然后，详细论述了软弱结构面受水流冲刷发展机制，包括土粒起动处于不同位置时的临界流速、随机性及相应隙宽。接着，通过双粒模型，研究软弱结构面管涌形成机制，以及管涌发生后渗透系数的变化。最后，介绍了软弱结构面形成集中渗漏通道实例。表明在适当地质等条件下，基岩可形成集中渗漏通道。

2.1　软弱结构面及其泥化

2.1.1　结构面及其分类

岩体内存在的原生的层理、层面及以后在地质作用中形成的断层、节理、劈理、层间错动面等各种类型的地质界面统称结构面。结构面不是几何学上的面，而往往是具有一定张开度的裂缝，或被一定物质充填，具有一定厚度的层或带。由结构面切割成的大小、形状不同的岩石块称结构体。结构面和结构体的组合称岩体结构。所谓岩体结构，即岩体中的结构面以及被这些结构面相互切割而成的结构体共同组合的形式，二者具有内在的联系，它们是地壳长期活动的结果，随地球运动而不断地变化和发展，同时在地应力和工程作用影响下也会变化和发展。岩体结构的突出特点是不连续性，这种不连续性使岩体在力学性质上的各向异性表现得更加强烈。在受到力的作用时，岩体结构控制着岩体的变形和破坏。岩体结构是岩体工程地质力学的基本概念。因此，岩体结构的两大要素即是：结构面和结构体。按结构面和结构体组合形式，尤其是结构面性状，可将岩体划分为如下结构类型：①整体块状结构，包括整体(断续)结构、块状结构和菱块状结构；②层状结构，包括层状结构和薄层(板状)结构；③碎裂结构，包括镶嵌结构、层状碎裂结构和碎裂结构；④散体结构，包括块夹泥结构和泥夹块结构等。

结构面对岩体的变形、强度、渗透、力学连续性和应力分布等，均有很大的影响。不同的结构面，具有不同的工程地质特征，这与其成因密切相关。结构面可按成因、规模、结合特征以及强度分类。

1. 按成因分类

按成因可把结构面分为原生结构面、构造结构面及次生结构面三大类型[212]。

1）原生结构面

指在成岩过程中形成的结构面，如岩浆岩的流动结构面、冷缩形成的原生裂隙、侵入体与围岩的接触面，沉积岩体内的层理面、不整合面，变质岩体内的片理面、片麻结构面等。

2）构造结构面

指岩体中受构造应力作用所产生的破裂面或破碎带，包括节理、劈理、断层及层间错动面等。其工程地质性质与力学成因、发育规模、多次活动及次生变化有着密切关系。在规模上，劈理及节理属较小的构造结构面，其特点是分布密集，多呈一定方向排列，常导致岩体的各向异性。断层则属于规模较大的构造结构面，一般有较为显著的位移。断层面的特征及破碎带的物质状态主要取决于断层的力学成因及岩性。

原生软弱夹层经构造运动影响而产生层间错动面，常形成破碎泥质夹层，其特点是沿着软弱夹层或其顶部发育，因受错动成为碎屑或鳞片，其间夹泥物质或角砾状碎屑含于塑性夹层中。

3）次生结构面

由于岩体受卸荷、风化、地下水等次生作用所形成的结构面，如卸荷裂隙、风化裂隙、风化夹层、泥化夹层、次生夹泥层等。

泥化夹层及次生夹泥层主要是在地下水作用下形成的。泥化作用在黏土岩、黏土页岩、泥质板岩、泥质灰岩等软弱夹层的顶部发育。其上为岩性坚硬的岩石，如砂岩或灰岩，沿层面往往有过错动，地下水循环其中，以致形成泥化夹层。次生夹泥层可沿层面、节理、断层形成，在河流两岸地下水活动带内，尤其常见于河床深槽两侧，它主要是由于地下水携带的泥质物重新沉积、充填而成的。

2. 按规模分类

按规模（主要是长度）可将结构面分为5级，它们分级或共同控制着区域、地区、山体、岩体的稳定性和岩块的力学特性：

(1) 几十至上百千米。

(2) 十几千米。

(3) 几百米至几千米。

(4) 几米至几十米。

(5) 厘米级。

3. 按结合特征分类

按结合特征结构面可分为：

(1)开裂结构面。它是结构面的主要组成部分。

(2)闭合结构面。又可分为两类：一是弱胶结的，如层理、片理等，但它是易开裂的；二是压力愈合的，又称为隐节理。

4. 按强度分类

开裂的结构面内，有的是干净的，有的夹有不等厚度的泥土等软弱物质。当结构面内夹有软弱物质时，其强度随着夹有的物质厚度增加而降低。为此，孙广忠[212]将结构面划分为两类：

(1)软弱结构面，夹有一定厚度的软弱物质。

(2)坚硬结构面，多数为干净结构面，也有夹坚硬碎屑的。

断层破碎带、层间错动面属于软弱结构面，节理、劈理多属坚硬结构面[212]。

虽然"软弱结构面"一词在我国工程地质领域早已被广泛应用，但尚无一个比较确切的、严密的定义。王思敬[32]认为工程上所指的软弱结构面实际上就是层状岩体的层间剪切带，它是岩体褶皱过程中由于软硬岩层间的相互剪切作用而形成的。目前，软弱结构面一般指的是岩体中在岩性上比上下或左右岩层显著软弱，而且单层厚度也比上下岩层明显较小的岩层。

2.1.2　软弱结构面的分类

目前对软弱结构面有多种分类方法，如孙广忠[212]根据软弱结构面内物质厚度的力学效应将软弱结构面分成三类：

(1)薄膜。厚度一般小于 1 mm，多为次生的黏土类矿物及蚀变矿物，如高岭石、伊利石等，这种薄膜可使结构面的基本强度大大降低。

(2)薄层。厚度与起伏差相当，结构面强度主要取决于软弱物质的力学效应，岩体破坏主要方式为岩块沿结构面滑移，是岩体内重要的软弱结构面。

(3)厚层。厚度大约为几十厘米到几米甚至上千米，如区域控制性断层，实际上此时它已不能被简单地视为结构面。在工程实践中人们多根据已有的分类方案，结合工程实际情况来制定，以便工程应用。

目前人们对软弱结构面的研究多偏于工程地质方向，着重研究其强度指标的变化规律，多用于边坡、基坑的稳定性分析，而对软弱结构面内土体渗透变形理论研究得很少。

2.1.3　软弱结构面的泥化

软弱结构面的泥化[213]是一个复杂的水-岩相互作用过程。软弱夹层是最重要的一种软弱结构面，下面以软弱夹层为例，讨论泥化作用的成因。软弱夹层是指夹在相对坚硬的岩层中的呈层状或条带状的夹层。它控制着水利水电工程中的堤坝抗滑稳定、边坡稳定、地下硐室围岩稳定，若对其研究不足或处理不当，将给堤坝等造成很大的威胁，甚至造成危害。尽管在堤坝施工过程中对软弱夹层进行了部分处理，但在地下水长期浸泡下，软弱夹层软化或泥化问题仍是堤坝水文地质中的重要问题。软弱夹层遇水易软化或泥化形成泥化夹层(带)，力学强度低，渗透稳定性差。它在三大岩类中均有分布。沉积岩、变质岩内多出现在硬岩层间夹的软弱岩层中，呈层状或似层状分布；岩浆岩中出现在构造断裂附近，或沿岩脉发育呈条带状分布。软弱夹层泥化实质上是软岩甚至较坚硬的岩石向泥或松软土质转化的过程。泥化层的基本特征与原岩相比，发生的变化主要有：

(1)黏粒含量增加，结构上变成泥质散状结构。

(2)物理性质改变，干容重变小，力学强度大大降低，含水量超过塑限，岩性由坚硬变成可塑泥状。

(3)矿物成分发生了变化。

(4)若软弱夹层仅含水量增加，岩性由坚硬变为软塑状，但岩石的矿物化学成分并未发生改变，黏粒含量也没有增加，这是岩石发生软化的标志，但还没有泥化。软弱夹层泥化主要是水岩之间水文地球化学作用的产物。在地下水作用下，岩石中的元素发生了迁移或富集，原岩结构遭到破坏而产生泥化，次生矿物的形成既可以是原岩的活化，也可以是矿物演化或从溶液中沉淀结晶而成。

从广义上看，软弱夹层泥化是岩石物理化学风化作用的产物。即通过地下水物理冲刷、化学溶蚀，组成岩石的矿物发生分解，直到在表生环境中形成稳定的新的矿物组合。表生环境中，在地下水、O_2、CO_2、有机酸等的参与下，水岩之间常见的相互作用有：物理作用——水力冲刷作用，即水动力作用；水化学作用——水解与水合作用，酸碱作用，氧化还原作用，脱硅和复硅作用，胶溶与胶凝作用。这些物理化学作用加快了矿物的分解速度，这样一来，软弱夹层部分或全部被分解破坏，形成泥化层。

水力冲刷作用：指水力机械冲刷作用，即在地下水长期作用下，水流对软弱夹层的冲刷。堤坝软弱结构面中的细颗粒物质产生移动或被水流带走，形成空洞，常称之为"机械潜蚀"。形成渗透破坏的条件是渗流动水压力、岩石的性质、结构等。为限制堤坝建成后渗透压力和渗透流速的增大，在堤坝基岩内设置灌浆帷幕和排水系统，正常情况下，经过这种工程措施是不会产生水力冲刷破坏的，但由于处理深度不足，在地下水长期作用下，局部基岩恶化和压力的积累，在某些部位渗透压力和流速可达到很大值，并产生破坏作用。

一个典型的工程实例是陈食水库连拱坝冲刷成洞穴。该坝基为侏罗系沙溪庙组的泥岩、砂岩，当蓄水至 23m 高时，3 号拱基沿着近于平行岸坡走向一组陡倾、张开达 20cm 宽并充泥的裂隙发生渗透破坏。初始坝后出现泉水，后来泉水流量明显增加，且时清时混，最后在坝基内扩大成洞，库水迅猛下泄，溃决成穴。十几分钟内，近百万方蓄水泄空，将坝基冲成 7m 多深、高 15m、宽 8m 的冲蚀洞穴。

水解与水合作用：它为各种化学作用的首位。水解是水电离产生 H^+ 与 OH^-，与矿物离子间发生交换反应。如碳酸钙的水解作用、铝硅酸盐的水解作用。碳酸钙的水解作用是碳酸盐溶解时最普遍出现的形式：

$$2CaCO_3 + 2H_2O = Ca(HCO_3)_2 + Ca(OH)_2$$

铝硅酸盐的水解作用是自然界最普遍的反应，同时也是矿物深度化学破坏的一种最普遍的过程，一般的化学反应式为

$$MeSiAlO_n + H^+OH^- \rightarrow Me^+OH + \left[Si(OH)_{0\sim4}\right]_n + \left[Al(OH)_6\right]_n^{3-}$$

式中，Me 代表阳离子，被转换出的矿物中的钾、钠、钙、镁等阳离子则进入水溶液并随水带走。

水合作用是指水分子结合到矿物晶格中的过程，如硬石膏的水合作用：

$$CaSO_4 + 2H_2O = CaSO_4 \cdot 2H_2O$$

硬石膏　　　　　　　　　石膏

赤铁矿的水合作用：

$$Fe_2O_3 + nH_2O = Fe_2O_3 \cdot nH_2O$$

赤铁矿　　　　　水赤铁矿

水合作用常使岩石体积增加。

酸碱作用：在碳酸的参与下，弱碳酸水与矿物水解时出现的低浓度碱性溶液中和，加速了矿物的水解，并伴随出现碳酸盐化，其结果使矿物部分地或全部地被溶解。

$$4KAlSi_3O_8 + 2H_2CO_3 + 2H_2O = Al_4(Si_4O_{10})(OH)_8 + 8SiO_2 + 2K_2CO_3$$

钾长石　　　　　　　　　　　高岭土　　　　胶体　　碳酸钾

由于碳酸的一级电离常数（$K=4.2\times10^{-7}$）远大于水的电离常数（$K=1\times10^{-14}$）（25℃），碳酸盐的加入使水解速度明显加快。天然水中溶解的二氧化碳越多，碳酸盐和二氧化硅越易从矿物中解离，而且其迁移强度也越大。碳酸盐的电离称为碳酸盐化。在湿润炎热的气候条件下，茂盛的植被极有利于有机质的分解，地下水中二氧化碳较为丰富，因而碳酸盐化常是急剧进行的。

溶液的碱化可造成碳酸盐的聚积和沉淀，称之为脱碳酸盐化，在碱性环境下不利于碳酸盐矿物的水解。环境酸碱性的不同，岩石风化（或泥化）后造成的产物也不同。在酸性环境形成的次生矿物，主要是具有较小的 SiO_2：Al_2O_3 比率的矿物，如高岭土或一水软铝石。在碱性或中性环境中产生的次生黏土矿物，主要是具有较大的 SiO_2：Al_2O_3 比率的矿物，如蒙脱石、伊利石等。

脱硅和复硅作用：硅是组成矿物岩石的基本元素，硅的迁移与富集是决定软岩泥化和次生矿物演化的重要标志。在基岩裂隙水中，一般含溶解状态的 SiO_2 浓度为 $10\sim50mg/L$。但在湿润热带、亚热带，岩石中所析出的 SiO_2 可占岩石原质量的 80%～90%。

石英常被认为是最稳定的矿物，其实不然。无论晶质还是非晶质 SiO_2，如石英或蛋白石，其地球化学特性是在强碱介质中溶解度剧增。晶质石英在碱性溶液中是可被溶解的：

$$2NaOH + SiO_2 = Na_2SiO_3 + H_2O$$
$$\text{石英}$$

SiO_2 从岩石或矿物中析出称为脱硅过程或脱硅作用。在炎热湿润的热带、亚热带气候条件下，SiO_2 析出特别强烈。在干旱气候环境中它的积累特别明显，地下水径流缓慢的条件下，地下水中 SiO_2 由于浓度的增加而沉淀，称之为复硅过程或复硅作用。环境的改变或脱硅和复硅过程的改变，也会引起水铝英石、蒙脱石、伊利石、高岭土等次生矿物的演化。

胶溶与胶凝作用：表生环境广泛发育胶态体系（粒径 $10^{-6}\sim10^{-3}mm$），其最突出的地球化学意义在于胶体使难于迁移的元素呈胶态活动搬运。这是由于胶体质点带电荷，其具有离子的性质，在水溶液中活动，如 SiO_2、Fe_2O_3 等胶体。由于带电的特性，相同成分的胶体质点具有相同电荷，质点间互相排斥，保持分散系的稳定性。不同成分的胶体质点带有相反电荷，质点相互吸引，导致胶体的凝聚，即胶凝作用。软弱结构面泥化过程中，胶体的凝聚是其中的主要方式之一（还有矿物演化等），如当带负电荷的 SiO_2 胶体与带正电荷的 Al_2O_3 胶体互相接触时，在相互凝聚过程中发生电荷的中和，可形成不同的黏土矿物：

$$\boxed{SiO_2 \cdot nH_2O}^{-} + \boxed{Al_2O_3 \cdot nH_2O}^{+} \rightarrow \boxed{H_2Al_2Si_2O_8 \cdot H_2O}$$
$$\text{水铝英石}$$

水铝英石进一步结晶，可形成次生黏土矿物，随着结晶环境的不同，还可形成不同的黏土矿物。

氧化还原作用：它是表生环境中重要的物理化学反应，表生环境中的氧化过程基本上都是放热过程。在岩浆岩等结晶岩，或在还原环境下形成的沉积岩中，铁、锰等变价元素或化合物一般是处在还原状态，以低价形式存在的，岩石或矿物的颜色也多为浅蓝色或浅绿色，这些岩层出露地表后，与空气中或地下水中的氧作用可使大部分低价铁锰等氧化成高价的，岩石或矿物的颜色也随之变为黄色、橙黄、红色，岩石及矿物的结构也随之改变。如含铁（Fe^{2+}）硅酸盐矿物氧化时，形成含三价铁的分解产物：

$$4FeSiO_3 + O_2 \rightarrow 2Fe_2O_3 + 4SiO_2 + 2\,144\,000J$$

在还原环境中，还原反应可使高价态的铁锰还原成活泼的二价铁锰碳酸盐化合物并随水迁移，使含铁锰岩石破坏脱色。如硫酸盐还原反应同样与有机物质和细菌活动有关，通过细菌活动能把 SO_4^{2-} 还原为 H_2S：

$$SO_4^{2-} + 8e^- + 10H^+ \underline{细菌} H_2S + 4H_2O$$

因此，水-岩化学作用在自然界中广泛存在着。水化学作用使裂隙面之间黏土矿物逐渐增多，一方面使其凝聚力和摩擦系数降低。实验表明，只要 40%左右的饱和度即可使凝聚力和摩擦系数降低到最低程度；另一方面使裂隙等扩展张力随水分变化而变化，因为亲水黏土矿物具有吸水膨胀和失水收缩且膨胀性能较大的特性，膨胀所产生的最大膨胀压力可达 1.4～2.8MPa，对软弱结构面在地下水作用下的泥化起到很大的促进作用。

2.1.4　软弱结构面的地质特征

软弱结构面塑性程度高、强度低，在地下水长期作用下，为岩体产生变形、形成集中渗漏通道及渗透破坏的优先部位。在地质上它具有如下特点[212]：

（1）软弱结构面主要为构造结构面。具有两种基本类型：一类为断层，另一类为层间错动。前者构成的软弱结构面易受到重视，而后者常被忽略。实际上，在层状岩体即沉积层及副变质岩中，层间错动形成的软弱结构面极为发育，特别是经过构造作用的岩层内几乎没有不发育有层间错动型软弱结构面的。这种结构面在河谷边坡地貌上常留有明显的特征。

（2）软弱结构面在地表露头上往往不易辨认。砂页岩互层岩体内层间错动结构面往往由于露头失水也常很坚硬，与岩石相近。灰岩中夹泥灰岩时层间错动软弱结构面因其中富有碳酸钙，在地表由于失水往往胶结硬化，故极为坚硬。许多小断层也常在露头上表现为角砾岩、糜棱岩岩石特征，但进入山体 5～10m 后呈现为极软的断层泥、破碎夹泥层和破碎夹层，但很少见到呈现胶结状态，即软弱结构面夹的软弱夹层物质在地表露头上常表现为角砾岩或糜棱岩。

（3）软弱结构面的形态与其成因密切相关。扭性断层和层间错动面大多数为平滑的直面或曲面。压性断层构成的软弱结构面大多起伏不平，有时由于岩块被改造而形成巨大的扁豆体，易被误认为结构面的起伏形态。张性结构面多半呈不规则的，理论上为锯齿状，而野外实际所观察到的，有的段为锯齿状，有的段为撕裂状，而有的段则被后期构造作用改造成起伏波状。

2.2　软弱结构面渗透变形类型分析

软弱结构面的渗透稳定性，一直是水利水电工程的重要工程地质及水文地质问题，前人在此方面虽曾做了专门的室内及原位试验研究，但对其渗透破坏机理的认识还存在不少尚未解决的问题。近些年来，对第四系松散层土的渗透变形研究的较多，但对软弱结构面的渗透变形问题研究的较少，并且，由于软弱结构面泥化后成分较前者复杂，其渗透变形问题也远较前者复杂，这还取决于其成因及构造的复杂性。按力学观点，参照松散层渗透变形分类，软弱结构面的渗透变形可分为流土、水力冲刷、管涌。本节仅讨论流土，水力冲刷及管涌后面有专门讨论。

流土，指在渗流力作用下，局部土体表面隆起、顶穿或粗细颗粒同时浮动而流失的现象。软弱结构面如果可以发生流土，渗流必须克服被移动土体与围岩（土）之间的约束力。这一约束力实际上来源于土的抗剪强度，类似于土的剪切破坏，但与之又有区别[100]：软弱结构面内的流土必须有"出路"，即渗流力方向前面的土发生移动，如果后面的土没有空间是不能动的。在软弱结构面内土体的室内试验中，常观察到土样是分层发生流土的，而一般的土体则没有这一现象，所以，软弱结构面内土体易发生局部流土。

影响软弱结构面抗剪强度的因素有：软弱结构面之间土体的颗粒级配、颗粒在空间的分布、矿物成分、胶结物成分等，这些因素均会不同程度地影响其抵抗流土的能力。例如，局部范围内颗粒越均匀越容易发生流土，在空间上颗粒分布越不均（如形成透镜体）越易发生流土；黏性越强的土越不易发生流土，不均匀系数越大的土越不易发生流土，钙质、铁质胶结的土较泥质胶结的土不易发生流土。

许多断层等软弱结构面中的透镜体非常发育，这些透镜体往往控制断层破碎带的强度大小和变形破坏机理，是工程岩体中必须重视的工程地质力学问题。侯作民等[214]经研究认为：①透镜体类型多种；②透镜体周边一般具断层泥线或泥膜分布；③透镜体内具有节理裂隙系统；④透镜体周边可以当作结构面或软弱结构面看待；⑤透镜体本身可以作为一个复合结构体看待。在原位力学试验中也揭示了断层泥透镜体在原位剪切试验和单轴压缩试验中的若干力学行为，其表现是：①透镜体周边具有结构面力学效应；②断层泥透镜体控制着强度大小、变形破坏机理。

当软弱结构面之间的土体存在透镜体时，较易发生流土[100]（图 2.1）。

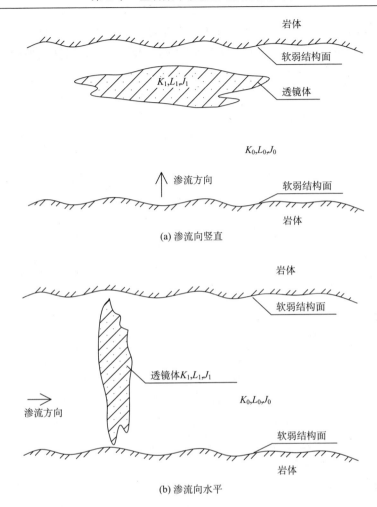

(a) 渗流向竖直

(b) 渗流向水平

图 2.1　透镜体渗透变形示意图

软弱结构面中透镜体的水力坡降为 J_1，可由下式求得

$$J_1 = J_0 \cdot L_0 / [L_1 + (L_0 - L_1) \cdot K_1 / K_0] \tag{2.1}$$

式中，J_0 为软弱结构面某段距离 (L_0) 内的平均水力坡度；L_1 为透镜体沿渗流方向的厚度；K_1 为透镜体渗透系数；K_0 为软弱结构面之间土体的渗透系数。

一般说来，$L_0 > L_1$，$K_0 > K_1$，因此，$J_1 > J_0$，即透镜体承受的水力坡降较平均值大，是易发生局部流土的地方。

局部流土不至于直接形成地下水集中渗漏通道。但局部流土可与其他渗透变形相结合、相互影响，最终形成集中渗透漏通道，对堤坝将产生一定程度上的威胁。

2.3　软弱结构面水流冲刷形成集中渗漏通道机制

2.3.1　软弱结构面水流冲刷一般特性

冲刷是指土颗在水的渗流作用下被自动冲走的现象。水力冲刷发生的前提条件：一是具有存在颗粒活动的空间；二是渗流力(水力)足以克服颗粒之间的凝聚力。

由于泥化后的软弱结构面主要成分多为黏性土，其透水性一般来说很小，并存在颗粒间的凝聚力及摩擦力，渗流不易带走这些颗粒通过块体的孔隙。这意味着泥化夹层本身不易发生接触冲刷。但在适当条件下，软弱结构面也可发生冲刷，例如：

(1)软弱结构面与围岩接触带的缝隙，尤其是当围岩有裂隙发育至软弱结构面，在裂隙里存在明显的优势流，造成泥化夹层的加剧冲刷。例如葛洲坝某夹层试样在劈理带出现小孔，水流不断带出土粒，在孔口形成漏斗状小丘，孔洞大小随坡降的增高而呈现扩展态势。再如某夹层试样，由于所处的夹层岩石破碎，节理透水性较大，当坡降升到一定大小时带出了细小颗粒，渗透系数也有所增加。

(2)软弱结构面内土体发生局部流土，扩大了渗流通道，使渗透流速显著增大，从而促使泥化夹层其他部分发生冲刷。如某一试样，当渗流坡降升到某一值时，出现浑水，渗流量突然增大，随后不断塌下来大块黑色软泥及碎石块，形成一宽 5mm 的破坏口，5min 后渗水转清，K 值也有所下降，但当 J 升到以前的 2 倍左右时，在原破坏处又出现较多的黑色软泥及碎石块，通道周围夹层受到集中渗流冲刷作用，不断带出细小颗粒。

(3)软弱结构面与混凝土建筑物之间形成裂缝时将会出现接触冲刷。如建坝前对已勘察到的断层采用混凝土处理时可能会出现该种情况。接触冲刷的实质是渗透水流往往在两种不同粒径地层的接触面附近最集中，因而最易将其中的细颗粒带走。一般来说，接触面附近水流最易集中的原因有如下几种：①沉积成因，两地层之间若存在沉积间断因古风化而使接触面粗糙，孔隙度增大，渗透性提高。②固结成因，上下两地层固结的速度和程度有所不同，因而易在接触面形成微小的缝隙，大大提高接触面附近的渗透性能。③刚度不同，结构物与土的刚柔不一而在它们之间产生隙缝。④地质构造原因，地质构造形成的软弱结构面之间的土体，特别是张性、张扭性断层等，常形成较大的裂隙，易产生优势流，造成接触冲刷。上覆为黏性土而下覆为砂或砂砾石层的双层结构地基，按正常的渗流计算，接触面附近的水力坡降最大，因而最易将细颗粒带走。接触面附近细颗粒的不断流走，进一步增大接触面附近的孔隙度或缝隙，甚至将细颗粒层掏空，发育至河岸时形成集中渗漏通道，危及堤坝安全。

（4）在各种力（渗流力、温度应力）作用下或某些特殊力（如地震）作用下，软弱结构面里的泥化夹层凝聚力大幅度降低。显然，影响凝聚力降低的因素很多，内因主要有土的矿物成分、结构、含水量、密实度等，外因如周围约束条件等。

在软弱结构面的形成及发展过程中，离不开地下水对其进行的水力冲刷作用。特别是软弱结构面的地下水位频繁变动时，这一作用更为明显。

研究表明，土体凝聚力的降低常伴有膨胀，所以遇水易膨胀的土体也易发生接触冲刷。土体的膨胀造成裂隙变窄，当流量一定时，通过宽窄两断面的流量 Q_1、Q_2 可分别按下式表示（图 2.2）：

$$Q_1 = v_1 A_1, \quad Q_2 = v_2 A_2 \tag{2.2}$$

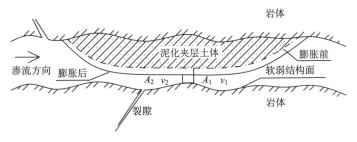

图 2.2　泥化夹层土体受冲刷示意图

根据渗流连续性方程：

$$Q_1 = Q_2 \tag{2.3}$$

所以，

$$v_2 = v_1 A_1 / A_2 \tag{2.4}$$

式中，Q_1、Q_2 分别为膨胀前、后过流断面流量；v_1、v_2 分别为膨胀前、后过流断面水流速度。

这就是说，当软弱结构面里的泥化夹层中的裂隙局部变窄时，其中渗透流速会增加，使土颗粒更易于被冲刷。但另一方面，土体膨胀会存在闭合裂隙的趋势，当土体膨胀性大而快时，可足以将裂隙闭合，如用膨润土处理集中渗漏通道，这时只能发生流土而难以发生接触冲刷。

对于原生结构面，尽管其中土体存在裂隙并有水在流动，但直接、长期与地下水接触的颗粒可能发生一些变化，在表面形成一层起到封闭作用的保护膜，使其内土体的性能保持不变。所以，一直处于地下水位以下的、经受较为恒定水力坡降的软弱结构面，其渗透性要远小于处于地下水位交替带或水力坡降经常发生变化的部位，如堤基软弱结构面，由于江水涨落频繁，其中水力坡降变化大，当外江水位急剧变化时，其中水流方向可能刚好相反：外江涨水时，软弱结构面地下水流向从外江流向堤内；外江水位降低时，地下水流向由堤内流向外江（图2.3）。长此以往，泥化夹层不断受地下水的来回冲刷作用越来越显著，从而大大提高其渗透性能，进而发展成为集中渗漏通道。

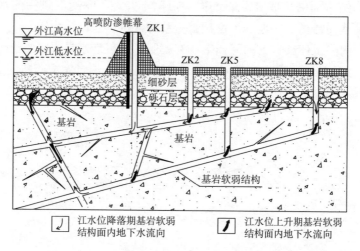

图2.3　江水位升降期基岩软弱结构面内地下水流向

2.3.2　土体颗粒受水流冲刷起动的临界流速

以下从力学角度研究水力冲刷形成集中渗漏通道机理[215,216]。在分析泥化夹层土体颗粒产生水力冲刷时，考虑颗粒在土体表面位置的相对高低是必要的，如果其他条件相同，它直接决定该颗粒是否能够被水流冲刷带走。这个相对位置的高低用暴露度 Δ 来表示（图2.4）。暴露度 Δ 越小，意味着该土颗粒暴露越充分，被水流冲刷带走的概率就越大。为消除颗粒直径大小的影响，常采用相对暴露度 Δ' 来表示，即

$$\Delta' = \frac{\Delta}{R} \tag{2.5}$$

式中，R 为土粒半径。

假设软弱结构面内的泥化夹层土体颗粒结构如图2.4所示。现考察表面的土粒的受力情况，作用其上的力有：

（1）重力 G，方向竖直向下。

$$G = \frac{4}{3}\pi R^3 \rho_s g \tag{2.6}$$

(2) 浮力 F，方向竖直向上。

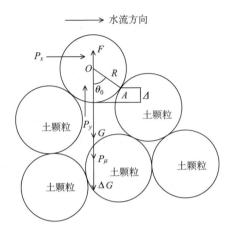

图 2.4　泥化夹层土体颗粒受力分析

$$F = \frac{4}{3}\pi R^3 \rho_w g \tag{2.7}$$

(3) 水流正面推力 P_x，按图示方向水平向右。

$$P_x = \frac{C_x}{2}\pi R^2 \rho_w v_{b,c}{}^2 \tag{2.8}$$

水流正面推力 P_x 也可表达为

$$P_x = \tau_b \pi R^2 = \rho_w u_*^2 \pi R^2 = \pi R^2 \rho_w gHJ \tag{2.9}$$

(4) 上举力 P_y，方向竖直向上。

$$P_y = \frac{C_y}{2}\pi R^2 \rho_w v_{b,c}{}^2 \tag{2.10}$$

上举力是由于颗粒底部的绕流不对称产生的。当颗粒离开土体表面距离 $y \geqslant (2.4 \sim 3.0)R$ 以后，$C_y = 0$，即上举力消失。式中，R 为土粒半径，g 为重力加速度，ρ_w、ρ_s 分别为水体、颗粒密度，C_x、C_y 分别为正面推力及上举力系数，根据试验资料可分别取 0.4 及 0.1，τ_b 为颗粒底部水流切应力，u_* 为摩阻流速，H 为水深，J 为水力坡降，$v_{b,c}$ 为颗粒实际起动底部水流速度。

(5) 黏着力 P_μ，方向指向土体内部，图 2.4 所示状态方向竖直向下。

饱和土体中的固体颗粒间存在一些作用力，对泥化夹层土颗粒主要有影响的是色散力(范德瓦耳斯力)及双电层斥力。后者是由于土颗粒表面带有的电荷与周围水体中相反电荷的离子相互吸引构成双电层，当两个土颗粒相互很近时，两个双电层相互干扰，于是就产生了相互排斥的力来排除干扰。根据 Mantz[217]的研究，只有当颗粒非常靠近时,如小于 10^{-9}m 时,双电层斥力才起显著作用,而对于软弱夹层的土体颗粒,由于长期处于水流冲刷作用下,表层土体之间的距离难以满足此条件。因此,为简化计算,这里只考虑范德瓦耳斯力作为黏着力 P_μ。该力与土体所处水深无关,其宏观表现在土体受拉时分离有薄膜水接触的颗粒而引起的拉应力。但在工程应用上,偏于安全考虑,土体是不容许承受拉应力的,但在土体冲刷研究中该力是不能忽略的。

范德瓦耳斯力是一种引力,使颗粒相互吸引,该力的发现源于 London 于 1930 年用量子力学理论导出的两个分子间存在相互吸引的势能,后来 Hamakar 于 1937 年将其推广到两个颗粒间的引力,在假定颗粒为球形的基础上,导出了范德瓦耳斯引力势能[218]。有一种方法认为,该引力势能与两颗粒间距离的高次方成反比,而引力与距离的更高次方成反比。

$$u = \frac{s}{h^m} \tag{2.11}$$

$$f = \frac{\mathrm{d}u}{\mathrm{d}h} = \frac{s}{h^{m+1}} \tag{2.12}$$

式中,u、f 分别为两颗粒间的引力势能及引力;s 为比例常数;h 为两颗粒间的距离;m 为正整数。

该种方法较为直观,易于理解。另一种方法是从范德瓦耳斯引力势能推导出的。这两种方法的结果准确到常数因子是彼此相一致的,但后者更有理论根据。

设两土颗粒上对应两点(A、A')之间的单位面积上的黏着力为 q(图 2.5),则

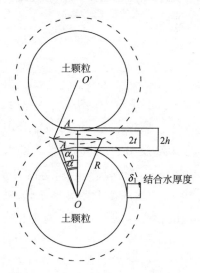

图 2.5　黏着力示意图

$$q = \frac{K}{(2h)^3} \tag{2.13}$$

则黏着力 P_μ' 可按下式求出：

$$P_\mu' = \int_\sigma \frac{K}{(2h)^3} \mathrm{d}\sigma = \int_\sigma \frac{q_0 \delta_0^3}{h^3} \mathrm{d}\sigma \tag{2.14}$$

式中，$\delta_0 = 3 \times 10^{-10}$ m，为一个水分子厚度；q_0 为 $h = \delta_0$ 时单位面积上的黏着力；σ 为颗粒间薄膜水接触面积的投影。这里

$$\mathrm{d}\sigma = 2\pi R^2 \sin\alpha \cos\alpha \mathrm{d}\alpha, \quad 0 \leqslant \alpha \leqslant \alpha_0 \tag{2.15}$$

且

$$h = t + R - R\cos\alpha \tag{2.16}$$

代入上式，考虑到 $h_0 = t + R - R\cos\alpha_0$，得

$$P_\mu' = \int_\sigma \frac{q_0 \delta_0^3}{h^3} \mathrm{d}\sigma = q_0 \delta_0^3 \int_0^{\alpha_0} \frac{2\pi R^2 \sin\alpha \cos\alpha}{h^3} \mathrm{d}\alpha = 2\pi q_0 \delta_0^3 \left[\frac{R+t}{2}\left(\frac{1}{t^2} - \frac{1}{h_0^2}\right) - \left(\frac{1}{t} - \frac{1}{h_0}\right) \right]$$

注意到 $t \ll R$，$(R+t)/2 \approx R/2$，且 t 很小，$\left(\dfrac{1}{t^2} - \dfrac{1}{h_0^2}\right) \gg \left(\dfrac{1}{t} - \dfrac{1}{h_0}\right)$，以及 $\delta_1 \ll R$，$h_0 = \delta_1 \cos\alpha_0 = \delta_1 \dfrac{R+t}{R+\delta_1} \approx \delta_1$（$\delta_1$ 为全部结合水的厚度，取 $\delta_1 = 4 \times 10^{-7}$ m），这样上式可化简为

$$P_\mu' = \pi q_0 \delta_0^3 R\left(\frac{1}{t^2} - \frac{1}{\delta_1^2}\right) \tag{2.17}$$

上式与 Hamaker 导出的色散势能的结果相一致，用该种方法推导的范德瓦耳斯引力 F_A 为

$$F_A = \frac{AR}{8}\left(\frac{1}{t^2} - \frac{1}{\delta_1^2}\right) \tag{2.18}$$

式中，A 为常数，其余符号同前。

在式（2.17）中，如令 $A_0 = \pi q_0 \delta_0^3$，二者显然是一致的。这就从另一方面验证了黏着力表达式的正确性。

当软弱结构面里的泥化夹层土体受水流冲刷面颗粒较密实时，呈最为稳定的四面体排列（图 2.6(a)），受冲刷而起动的颗粒大部分是与其下的三个颗粒有接触（图 2.7(a)），这种情况下，总黏着力为

$$P_\mu = 3P_\mu' \cos 30° = \frac{3\sqrt{3}}{2} P_\mu' = 2.598 P_\mu' \tag{2.19}$$

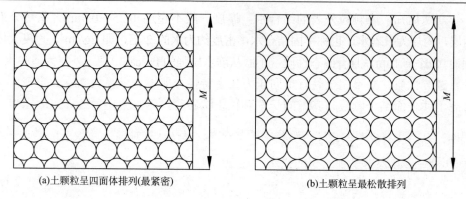

图 2.6　颗粒排列方式

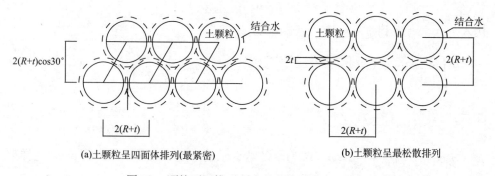

图 2.7　颗粒不同排列方式对应的黏着力计算图

相反，当土颗粒很松散时，排列方式如图 2.6(b)、图 2.7(b)所示，起动颗粒多与其下的两个颗粒相接触，这时

$$P_\mu = 2P'_\mu \cos 30° = \sqrt{3}P'_\mu = 1.732P'_\mu \tag{2.20}$$

由此可见，随着 t 的增加，可假定与受冲刷的土体表面颗粒接触的颗粒由 3 个线性地减少到 2 个，从而黏着力可表示为

$$P_\mu = \frac{\sqrt{3}}{2}\left(3 - \frac{t}{\delta_1}\right)P'_\mu = \frac{\sqrt{3}}{2}\pi\delta_0^3 R\left(3 - \frac{t}{\delta_1}\right)\left(\frac{1}{t^2} - \frac{1}{\delta_1^2}\right), \quad t \leqslant \delta_1 \tag{2.21}$$

考虑土颗粒几种典型排列方式，根据几何关系，软弱夹层内泥化夹层土体干容重 γ_d 与 t 存在如下关系：

$$\gamma_d = \frac{2}{9}\pi G_s \rho_w \left(1 - \frac{t}{4\delta_1}\right)\left(\frac{R}{R+t}\right)^3, \quad t \leqslant \delta_1 \tag{2.22}$$

式中，G_s 为土颗粒相对密度，其余符号同前。

(6)薄膜水附加下压力 ΔG。

众所周知，土颗粒外表的结合水，厚度一般不超过 0.25～0.5μm，它可分为两层，内层为吸着水，也称牢固结合水，密度约为水的 2 倍，即 2g/cm³，厚度大体上为0.01～0.1μm，具有固态性质，不服从静水压强的 Pascal 定理。外层为薄膜水，具有过渡性质，并不完全具有单向压力传递特性，即不完全服从 Pascal 定理。当考虑土体表面某个颗粒与其下的一个颗粒正接触时，附加下压力 $\Delta G'$ 可表示为

$$\Delta G' = \int_{\sigma} K_1 H \rho_w g \mathrm{d}\sigma \approx 2\pi K_1 \rho_w g HR(\delta_1 - t) \tag{2.23}$$

式中，H 为水深；K_1 为薄膜水接触面积中单向压力传递所占的面积比。

更具一般性，当颗粒与其下的多个颗粒相接触时，附加下压力 ΔG 可表示为

$$\Delta G = \sqrt{3}\pi K_1 \rho_w g HR(\delta_1 - t)\left(3 - \frac{t}{\delta_1}\right) \tag{2.24}$$

(7) Basset 力[219]。

由于水体存在黏性，当土粒速度变化时，即颗粒有相对加速度时，颗粒周围的流场不能马上达到稳定。因此，水体对颗粒的作用力不仅依赖于当时颗粒的相对速度、相对加速度，还依赖于在此之前加速度的历史。这部分力就称为 Basset 力。为简化起见，该力忽略不计。

以上前 6 个力按图 2.4 所示对 A 点取力矩，有

$$P_x(a + R\cos\theta_0) + P_y(b + R\sin\theta_0) + FR\sin\theta_0 = (G + \Delta G + P_\mu)R\sin\theta_0 \tag{2.25}$$

式中，a、b 分别为 P_x、P_y 的力臂，取 $a=b=R/3$，并将以上各力的具体表达式代入上式，得到土体表面颗粒的瞬时起动流速 $v_{b,c}$。

$$v_{b,c} = \varphi(\Delta')\omega_1\left(D, H, \frac{t}{\delta_1}\right) \tag{2.26}$$

其中，

$$\varphi(\Delta') = \frac{\sqrt[4]{2\Delta' - \Delta'^2}}{\sqrt{\left(\frac{4}{3} - \Delta'\right) + \frac{1}{4}\left(\frac{1}{3} + \sqrt{2\Delta' - \Delta'^2}\right)}} \tag{2.27}$$

$$\omega_1\left(D, H, \frac{t}{\delta_1}\right) = \sqrt{\frac{8gR}{3C_x}\cdot\left(\frac{\rho_s}{\rho_w} - 1\right) + \frac{\sqrt{3}}{C_x R}\left(3 - \frac{t}{\delta_1}\right)(\delta_1 - t)\left[\frac{q_0\delta_0^3}{\rho_w t^2 \delta_1^2}\cdot(t + \delta_1) + 2K_1 gH\right]} \tag{2.28}$$

$$t = t(\rho_s) \tag{2.29}$$

根据大量实际资料，其中一些数据可以确定下来：$q_0 = 1.3\times10^9 \mathrm{kg/m^2}$，$K_1 = 2.258\times10^{-3}$，$\delta_0 = 3\times10^{-10}\mathrm{m}$，$\delta_1 = 4\times10^{-7}\mathrm{m}$，$C_x = 0.4$，$g = 9.81\mathrm{m/s^2}$，代入式(2.28)，得

$$\omega_1 = \sqrt{65.33\left(\frac{\rho_s}{\rho_w}-1\right)R + 0.0465\left(3-\frac{t}{4\times10^{-7}}\right)\left(\frac{\left(4\times10^{-7}\right)^2}{t^2}-1\right)\frac{4\times10^{-7}}{R}}$$

$$+\, 1.55\times10^{-7}\left(3-\frac{t}{4\times10^{-7}}\right)\left(1-\frac{t}{4\times10^{-7}}\right)\frac{H}{R} \tag{2.30}$$

若取常规值 $t=1.5\times10^{-7}$m，代入上式，得

$$\omega_1 = \sqrt{107.8R + \frac{1.49\times10^{-7}}{R}(1+0.85H)} \tag{2.31}$$

对于较粗颗粒，黏着力及薄膜水附加下压力不存在，此时

$$\omega_1\left(D,H,\frac{t}{\delta_1}\right) = \omega_0(D) = \sqrt{\frac{8gR}{3C_x}\cdot\left(\frac{\rho_s}{\rho_w}-1\right)} \tag{2.32}$$

以上是考虑在图 2.4 所示颗粒位置情况下推导的，即泥化夹层上面临空，重力对颗粒受水力冲刷起阻碍作用。若泥化夹层下面悬空，则重力起促进作用，土颗粒更易受冲刷。此时，力矩平衡方程变为

$$P_x(a+R\cos\theta_0) + P_y(b+R\sin\theta_0) + (F+G)R\sin\theta_0 = (\Delta G + P_\mu)R\sin\theta_0 \tag{2.33}$$

依照前面步骤，若同时将水流速度 v_b 换算成渗流速度 v_b'，设软弱结构面内土体孔隙率为 n，可得

$$v_{b,c}' = nv_{b,c} = n\varphi(\Delta')\omega_1'\left(D,H,\frac{t}{\delta_1}\right) \tag{2.34}$$

此时，

$$\omega_1'\left(D,H,\frac{t}{\delta_1}\right) = \sqrt{\frac{\sqrt{3}}{C_xR}\left(3-\frac{t}{\delta_1}\right)(\delta_1-t)\left[\frac{q_0\delta_0^3}{\rho_w t^2\delta_1^2}\cdot(t+\delta_1)+2K_1gH\right] - \frac{8gR}{3C_x}\cdot\left(\frac{\rho_s}{\rho_w}-1\right)} \tag{2.35}$$

若考虑更一般情况，即泥化夹层土体表面与水平面呈某一夹角 ξ 时，仅将重力与浮力分解到与水流垂直的方向上即可，此时，

$$\omega_1\left(D,H,\frac{t}{\delta_1}\right) = \sqrt{\frac{8gR}{3C_x}\cdot\left(\frac{\rho_s}{\rho_w}\cos\xi-1\right) + \frac{\sqrt{3}}{C_xR}\left(3-\frac{t}{\delta_1}\right)(\delta_1-t)\left[\frac{q_0\delta_0^3}{\rho_w t^2\delta_1^2}\cdot(t+\delta_1)+2K_1gH\right]} \tag{2.36}$$

2.3.3　土体颗粒受水流冲刷起动的随机性及相应隙宽

由于瞬时底部流速 v_b 难以得到，常用沿垂线方向平均流速 v 来表示，这样一来就可与相应的裂隙宽度 b 联系起来了，下面就来寻求这种关系。

在某一定大小流速的水流冲刷下，泥化夹层土体表面颗粒起动具有必然性，但也具有偶然性。就某一确定直径大小的颗粒，在确定的水流底速作用下，它是否起动必然服从力学规律。但是在一般情况下，颗粒的大小 D、Δ'、水流纵向底速是随机变量，因此，某一颗粒是否起动还具有偶然性。土体颗粒受地下水冲刷而起动的随机性问题很复杂，这里只作初步探讨。如知道了以上随机变量的概率密度或分布函数，就可将土体表面颗粒的起动规律弄清楚。

在土体表面颗粒的顶端，其水流底速为 $v_b = 5.6u_*$（u_* 为摩阻流速）。若考虑水流对颗粒的作用点，以距床面 $2/3D$ 处较为恰当，以该处流速作为起动时的代表流速较为合适。即

$$v_b = \frac{2}{3} \times 5.6u_* = 3.73u_* = 3.73\sqrt{gJH} \tag{2.37}$$

式中，J 为水力坡降；H 为水深。

根据大量实测数据，垂线均速 v 与 u_* 有如下关系[220]：

$$\frac{v}{\sqrt{gDJ}} = 6.5\left(\frac{H}{D}\right)^{0.5+\frac{1}{A+\lg\frac{H}{D}}} \tag{2.38}$$

从而，

$$\frac{v}{u_*} = \frac{v}{\sqrt{gJH}} = 6.5\left(\frac{H}{D}\right)^{0.5+\frac{1}{A+\lg\frac{H}{D}}} = \psi\left(\frac{H}{D}\right) \tag{2.39}$$

$$v_b = 3.73u_* = 3.73\frac{v}{\psi\left(\dfrac{H}{D}\right)} \tag{2.40}$$

将上式代入用底部瞬时流速表示的起动流速表达式，可得到以垂线均速 v 表示的临界起动流速 v_c：

$$v_c = \frac{\psi\left(\dfrac{H}{D}\right)}{3.73}\omega_1 F_b^{-1}(\lambda_{q_{b,c}}) = 0.268\omega_1\psi\left(\frac{H}{D}\right)F_b^{-1}(\lambda_{q_{b,c}}) = 0.268\omega_1\psi\left(\frac{H}{D}\right)\left(\overline{\frac{v_{b,c}}{\omega_1}}\right) \tag{2.41}$$

式中，$\lambda_{q_{b,c}}$ 为相对输沙率，由下式确定：

$$\lambda_{q_{b,c}} = F_b\left(\frac{v_{b,c}}{\omega_1}\right) \tag{2.42}$$

$F_b^{-1}(\lambda_{q_{b,c}})$ 为上式的反函数，由下式给出：

$$\lambda_{q_{b,c}} = \frac{2}{3} m_0 \varepsilon_1 \frac{U_2}{\omega_1} F_b\left(\overline{\frac{v_{b,c}}{\omega_1}}\right) \tag{2.43}$$

式中，m_0 为单位土体表面颗粒密实系数；ε_1 为土颗粒起动概率；$\overline{v_{b,c}}$ 为临界时均底速；U_2 为一随机变量，可近似认为 $U_2 \approx v_b - v_{b,c}$，即 U_2 为

$$\zeta_{U_2} = \zeta_{v_b} - \zeta_{v_{b,c}} \tag{2.44}$$

的数学期望。

$$U_2 = E\left[\zeta_{v_b} - \zeta_{v_{b,c}} \Big| \zeta_{v_b} - \zeta_{v_{b,c}}\right]$$

$$= \int_{A_m}^1 p_{\Delta'}(\Delta') \mathrm{d}\Delta' \left[\frac{\int_{v_{b,c}\Delta'}^{\infty} (v_b - v_{b,c}) \frac{1}{\sqrt{2\pi}\sigma} \exp\left(-\frac{v_b - \overline{v_b}}{\sqrt{2}\sigma}\right)^2 \mathrm{d}v_b}{\int_{v_{b,c}\Delta'}^{\infty} \frac{1}{\sqrt{2\pi}\sigma} \exp\left(-\frac{v_b - \overline{v_b}}{\sqrt{2}\sigma}\right)^2 \mathrm{d}v_b}\right] \tag{2.45}$$

这样一来，就能直接由 $\lambda_{q_{b,c}}$ 反求出以垂线平均流速表示的起动流速 v_c。

根据大量野外输沙率实测数据，选取

$$\lambda_{q_{b,c}} = 0.00197 \tag{2.46}$$

作为土颗的起动标准。相当于

$$\overline{\frac{v_{b,c}}{\omega_1}} = 0.55 \tag{2.47}$$

即

$$v_c = 0.268 \times 0.55 \psi \omega_1 = 0.147 \psi \omega_1 \tag{2.48}$$

设软弱结构面内存在宽度为 b 的等效水力隙宽裂隙(图 2.8)，单宽流量为

$$q = \frac{gb^3}{12\nu} J_{\mathrm{f}} \tag{2.49}$$

式中，ν 为水的运动黏度；J_{f} 为沿软弱结构面方向的水力坡降。

若不考虑泥化夹层土体表面黏性底层的影响，裂隙地下水流速为

$$v = \frac{q}{b} = \frac{gb^2}{12\nu} J_{\mathrm{f}} \tag{2.50}$$

从而，可根据临界垂线平均流速 v_c 计算相应的隙宽 b：

$$b = \sqrt{\frac{12\nu v_c}{g J_{\mathrm{f}}}} \tag{2.51}$$

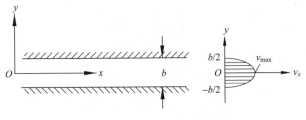

图 2.8　等效水力裂隙示意图

这样就推导出了使软弱结构面内土体表面颗粒受水力冲刷造成颗粒流失的相应的等效水力裂隙宽度。它表明，对于一定泥化夹层土体特性而言，隙宽承受的水力坡降越小、土体凝聚力越大、土体表面颗粒相对暴露度越大，使因水力冲刷带走表面颗粒的相应隙宽就越大。对于压扭性断层形成的软弱结构面，往往形成的裂隙细微，对于张扭性断层、张节理密集带形成的结构面，裂隙规模较大，所以，后者易发育成较大规模的裂隙而形成地下水富集带，地下水与外界连通性很好，即形成导水断层，若发育于堤坝地基内，在高水头的长期作用下，极易形成集中渗漏通道，影响堤内安全。以上从另一方面也说明，软弱结构面在地下水长期作用下形成集中渗漏通道的影响因素有：软弱结构面所处的地下水力坡降、其中泥化夹层土体凝聚力即强度、土体表面颗粒相对暴露度、结构面的类型、规模与形态等。

2.4　软弱结构面管涌形成机制

2.4.1　软弱结构面管涌的一般特性

管涌指土体中的细颗粒在渗流作用下从骨架孔隙通道流失的现象。主要发生在地基为砂砾石层的工程中，但在软弱结构中也易时常发生，但常被忽视。

管涌的发生是一个水与土体相互作用的复杂的力学过程，对于一般的冲洪积地层来说，管涌的发生与地层中土的组成成分、结构、土的级配、水力梯度、管涌发生的距离、深度、表面覆盖黏土层的强度、厚度、饱和度、固结度、浸泡时间等因素有关，是一个多元的复杂问题。前人对管涌渗透变形的机理分析、影响因素、可能性判断以及防治措施等一系列问题进行了深入的探讨，提出了许多有益的想法。到目前为止，仍有很多问题处于争议或探索之中。人们对于管涌渗透变形的认识是从现场条件下饱和土体表现出来的一些宏观现象，如土体的喷砂冒水、土体滑移、地面沉陷等开始的。但对于管涌渗透变形问题的研究，却是需要从微观的土性变化着手。上述现象的出现与砂土由其结构发生破坏所引起孔隙水压力上升和抗剪强度降低有着密切的关系。这样，在宏观现象与微观现象之间，除了有其相互关联的一面外,有时也会出现明显的矛盾。目前,人们在对第四系松散层中的无黏性土研究得较多,各家得出的结论也不尽相同,但在对基岩软弱结构面的管涌研究工作少之又少。

对于断层、节理等软弱结构面而言,其间岩(土)体在地应力及地下水长期作用下,形成泥化夹层、软化夹层,它们与软弱结构面或其中的砂砾接触面之间常发生接触冲刷。软弱结构面在地质应力作用下,常形成破碎带,颗粒级配一般较宽,从细粒土到粗粒土,甚至巨粒土。前已述及,泥化夹层土体受地下水流的冲刷作用,土粒慢慢从土体表面脱离出来,很细的颗粒被水流带走,留下的较大颗粒多呈无黏性状态,并可产生分选现象,即下粗上细。这样,就可将软弱结构面土体结构概化成两层,类似于二元结构:上部为黏性土,下部为砂砾土,砂砾土中含有细砂等(图2.9)。随后有可能发生如下现象:上部黏性土在地下水的冲刷下,表层颗粒进一步流失,逐渐形成孔隙。下部砂砾层土由于颗粒粗细均匀,在地下水作用下,在大颗粒内部可能形成渗漏通道,细砂将沿着这些通道被带走,即形成管涌。

上部黏性土体表面颗粒受水流冲刷已在前节进行了探讨,下面讨论软弱结构面内砂砾土体管涌形成机制。管涌的形成机制是十分复杂的,但为研究方便,先从最简单的结构入手——双粒模型,即考虑砂砾土仅存在两种粒径——砾石及细砂组成的模型[54]。基本假设:①砂砾石层呈均质各向同性;②在接触冲刷的发展过程中,砂砾石层中的细砂呈层状向下逐渐剥离而随水流流失,从而使砂砾石层分为上部的砾石层和下部的砂砾石层;③细砂和砾石均呈理想的等粒球状,砾石形成的孔隙全部被细砂充填满。以下讨论软弱结构面内双粒模型的管涌发生机制。

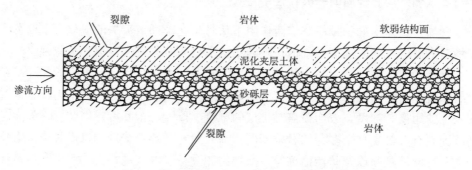

图2.9　软弱结构面内无黏性土体渗流示意图

2.4.2　颗粒孔隙通道

为了从粒径分布曲线上计算平均孔隙直径(d_1),引入有效粒径的概念。如

图 2.10 所示，假设土体颗粒具有相同的形状，土体颗粒的有效直径可以由下式给出：

$$D_\mathrm{h} = \frac{1}{\sum \dfrac{\Delta S_i}{D_i}} \tag{2.52}$$

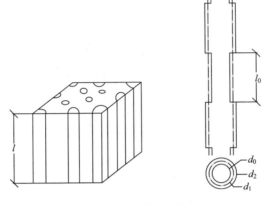

图 2.10　变截面管孔隙通道

式中，ΔS_i 为土体颗粒中第 i 粒组的质量分数；D_i 为该粒组的代表粒径。

进一步考虑颗粒形状为非圆球形，引入形状系数 β，对于球形颗粒取值为 6。孔隙最小等效直径的定义如图 2.11 所示，假设当颗粒粒径小于或者等于 d_0 时，土体是潜在不稳定的。已知样土中仅由骨架颗粒组成的土体的孔隙率为 n，样土孔隙通道的最小直径 d_0 和最大直径 d_2 分别为[221]

$$d_0 = 2.67 \frac{n}{1-n} \cdot \frac{D_\mathrm{h}}{\beta} \tag{2.53}$$

$$d_2 = 1.86 d_0 \tag{2.54}$$

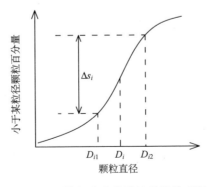

图 2.11　用粒径分布曲线计算等效直径

根据 Poiseuille 方程，模型通道中的每一孔隙通道的水流流量 Q_0 为

$$Q_0 = \pi\left(\frac{\rho_w g}{\mu_w}\right)\left(\frac{d_0^4}{128}\right)J \tag{2.55}$$

式中，J 为水力梯度；μ 和 ρ_w 分别为黏滞系数和水的单位密度；g 为重力加速度。

土样中穿过单位截面积的孔隙通道数量为 $N = 4n/\pi d_0^2$，因此流速 v 为

$$v = Q_0 N = n\left(\frac{\rho_w g}{\mu_w}\right)\left(\frac{d_0^2}{32}\right)J \tag{2.56}$$

实际上，上式所求的流速为平均流速，根据 Darcy 定律，对比上式可得孔隙通道的渗透系数 K

$$K = n\left(\frac{\rho_w g}{\mu_w}\right)\left(\frac{d_0^2}{32}\right) \tag{2.57}$$

2.4.3 管涌发生后渗透系数的变化

根据前面假设，发生管涌的含水层是由大小不同的两种颗粒组成。两种颗粒均为球体，考虑可能产生土层失稳的大颗粒排列参见图 2.6(b)，在小颗粒被掏空的情况下，在侧向力的推动下可能产生错动而造成坝基失稳。图 2.6(a) 的排列为最紧密排列的形式，它是紧密排列的一种稳定形式，细砂被掏空后并不会发生渗透变形，这里主要研究在细颗粒被带走后，粗颗粒能产生错动的形式[222]。

假设大颗粒的排列如图 2.6(b) 所示，大颗粒之间孔隙被小颗粒充填，在小颗粒被水冲走后，大颗粒在侧向推力作用下可能发生移位，造成土体失稳。

如果从单个土颗粒来考虑，假设大颗粒为理想球体，半径为 r，其外接立方体的边长为 $2r$，在该立方体内除大颗粒外，其余空间被小颗粒充填(图 2.12)，则

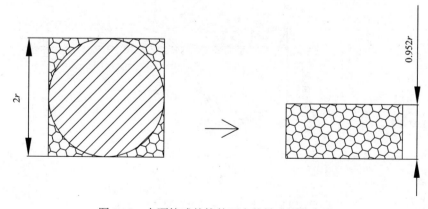

图 2.12 大颗粒球外接的正方体被小颗粒充满

$$V_{球}=\frac{4}{3}\pi r^3=4.19r^3$$

$$V_{立}=8r^3$$

小颗粒所占总体积

$$V_{小}=V_{立}-V_{球}=3.81r^3$$

现将大球拿走，该立方体内小颗粒重新排列，长为 $2r$，宽为 $2r$，厚度变为 $\frac{3.81r^3}{2r\cdot 2r}=0.952r$，将这种厚度转换系数定义为

$$\eta=\frac{0.952r}{2r}=0.476$$

假设这种小颗粒的渗透系数为 K_2，完全由大颗粒组成的渗透系数为 K_1，当带走厚度为 1 的细颗粒时，有厚度为 $\frac{1}{\eta}=2.1$ 的大颗粒没有被细颗粒充填。假设通过大颗粒的流量为 q_1，通过小颗粒的流量为 q_2，通过整个土层的流量为 q，则

$$q=q_1+q_2$$

因此由两种颗粒组成地层的渗透系数可以表示为

$$K\cdot JM=K_1\cdot J\cdot\frac{A}{\eta}+K_2\cdot J\cdot(M\cdot\eta-A)$$

方程两边约去 J，化简得

$$K=\frac{K_1\cdot\dfrac{A}{\eta}+K_2\cdot(M\cdot\eta-A)}{M} \tag{2.58}$$

式中，M 为砂卵石层厚度；$M\cdot\eta$ 为该砂卵石层等效为完全由小颗粒排列时的厚度；A 为被水带走的小颗粒的厚度，是关于流速和时间的函数，满足 $0<A<M\cdot\eta$。

由单一球体组成地层的渗透系数可由下式计算：

$$K=\frac{\beta\cdot n^2}{\lambda(1-n)}d^2\frac{\gamma_w}{\mu} \tag{2.59}$$

式中，β 为球体系数(圆球取 $\beta=\pi/6$)；n 为孔隙率；λ 为邻近颗粒的影响系数；d 为颗粒直径；γ_w 为水的容重；μ 为水的黏滞系数。

当大颗粒之间的孔隙被小颗粒填满时，渗透系数完全由小颗粒所占的厚度决定(图 2.13(a))；当小颗粒完全被带走仅剩大颗粒时，渗透系数完全由大颗粒所占厚度决定，见图 2.13(c)。所以在地层中任一小单元中的渗透系数都是由一部分纯大颗粒和另一部分纯小颗粒所组成(图 2.13(b))，所不同的是每个单元中两部分的

厚度不同。假设在管涌发生前大颗粒中的间隙均被小颗粒所填满，此时 $A=0$，则 $K=\dfrac{K_2 \cdot M \cdot \eta}{M}=0.476K_2$。这是因为地层中还有 0.524 的厚度被大颗粒所占据，发生改变的只是大、小颗粒所占的空间，如图 2.13 所示。

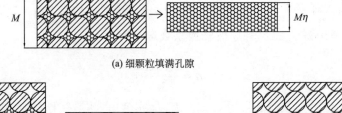

(a) 细颗粒填满孔隙

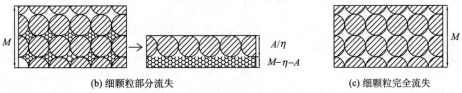

(b) 细颗粒部分流失　　　　　　　　　　　　　　　(c) 细颗粒完全流失

图 2.13　细颗粒被带出后渗透系数等效图

当地层中的细颗粒在管涌过程中全部被带出后，此时 $A=M \cdot \eta$，则

$$K=\frac{K_1 \cdot \dfrac{M \cdot \eta}{\eta}}{M}=K_1 \tag{2.60}$$

由此可见，对于双粒管涌模型，当其中小颗粒被水流带走后，渗透系数将大大增加，所剩大颗粒的排列很不稳定。如果外界条件发生变化，如地震、荷载变化等，大颗粒内部很可能失稳，使承载力大为降低，造成管涌破坏，且大大增加了软弱结构面裂隙宽度，进一步加强了水流的冲刷作用，从而形成基岩集中渗漏通道，对水工建筑物造成极大的威胁。

2.5　非稳定流下的管涌颗粒起动模型

上节的研究主要针对稳定流下的管涌问题。对于坝基而言，时常受到洪水、潮水涨落等作用，常处于非稳定渗流状态，因此揭示非稳定流下管涌发生发展机制对堤坝安全运行及渗漏通道探测也十分重要。本节简要介绍非稳定流下的管涌颗粒起动模型。

为了对比分析稳定流与非稳定流在管道运移过程中的能量转换规律，假设一 L 形的输水管道 EFG，在 GI 面处布置一测压管，如图 2.14 所示。

图 2.14 中上游水头处有一质量为 m 的水柱流过 EFG 管，当水柱运移到测压

管内部时，测压管的水柱高度为 H_w，水柱拥有的势能为 $(1/2)mgH_w$，此势能主要是由动能转化而来的。设水流从上游水头到测压管之前即 FG 管段内的渗透流速为 v_w，忽略此过程中水流与管壁的摩擦力作用，由能量守恒定理可得

$$\frac{1}{2}m(v_w)^2 = \frac{1}{2}mgH_w \tag{2.61}$$

$$v_w = \sqrt{gH_w} \tag{2.62}$$

动量为

$$mv_w = m\sqrt{gH_w} \tag{2.63}$$

假设测压管的横截面为 S，则测压管内水柱质量为

$$m = \rho S H_w \tag{2.64}$$

式中，ρ 为水的密度；S 为测压管横截面面积。

为了便于比较，由于测压管横截面面积和水的密度都是一样的，所以直接剔除 ρS 项，此时水柱势能取用简化计算公式为

$$W = \frac{1}{2}g(H_w)^2 \tag{2.65}$$

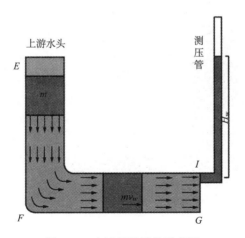

图 2.14　水流能量转换示意图

不管是稳定流还是非稳定流，两者在 GI 面测压管达到相同水头时刻，所具有的水位势能是一样的，区别在于水头差由 0 增加到计算值的时间间隔不一样，造成颗粒在单位时间内受到的水流主动作用力也不一样，可以将每个时刻水位所具有的水位势能按照时间平均进行分配，称为单位时间颗粒势能增加量，用 W 表示。此处所算得的动量为水流所具有的平均动量。其中 m 为单位体积的水流所具有的质量，将此作为作用于土颗粒动量大小的评判标准。下面对试验过程中稳定

流与非稳定流两种情况下水位势能的转化情况进行详细论述。

图 2.15 为两种水流作用下土体进水管道 EFG 内的动量、水力坡降分析。

由图 2.15 可得,取质量为 M_1 的水柱为研究对象(此处水柱高度 h 为极限无穷小,假设水柱运移过程中为不可压缩的)。

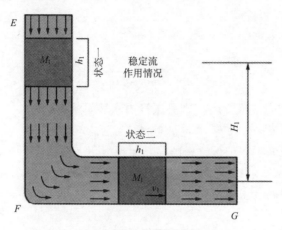

(a) 稳定流下水柱的运移分析

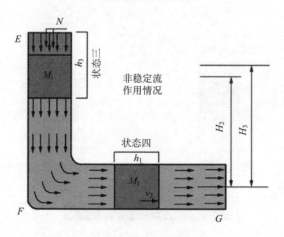

(b) 非稳定流下水柱的运移分析

图 2.15　两种水流作用下水柱的运移分析

在稳定流作用情况下,水柱由状态一运动到状态二的时间为 t,到达状态二时刻的水流速度为 v_1,此时由动能守恒定理可得

$$\frac{1}{2}M_1(v_1)^2 = \frac{1}{2}M_1gH_1 \tag{2.66}$$

式中,M_1 为 EF 进水管内的水柱质量,v_1 为稳定流情况下,水柱运移到 FG 管时

的速度，H_1 为 EF 进水管内水柱中心距离 FG 管轴线的垂直高度，求得 v_1 大小为 $\sqrt{gH_1}$，此过程所用时间为 t_1。

在非稳定流情况下，同样高度的水柱由状态三到达状态四的时间为 t_2，由于相同过程所用的时间 $t_2 < t_1$，同时由室内试验可得，此时的水柱运移速度为 $v_2 > v_1$。根据以上论述，若假设稳定流与非稳定流两种情况下的两种状态转变所用时间 $t_1 = t_2 = t$，则相当于在非稳定流情况下，原水柱上方多一个 N 的作用力，迫使水柱的运移速度大于在稳定流情况中的运移速度，见图 2.15(b) 中的浅灰色部分，由动量守恒定律可得

$$Nt + M_1 v_1 = M_1 v_2 \tag{2.67}$$

式中，v_2 为非稳定流情况下，水柱运移到 FG 管时的速度。

将以上论述中的作用力 N 等效为相同重量的水柱，设等效转化后的水柱总高度为 h_3，则在相同时间 t 内，稳定流作用下高度为 h_1 的水柱由状态一移动到状态二，而非稳定流作用下，高度为 h_3 的水柱由状态三移动到状态四，并且后者速度也大于前者。假定状态一到状态二与状态三到状态四之间水柱所移动的距离相等，均为 L_1，图 2.15(a) 中的水头变化为 H_1，图 2.15(b) 中的水头变化实际值为 H_2，等效理论值为 H_3，则图 2.15(a) 的水力坡降为

$$i_1 = \frac{H_1}{L_1} \tag{2.68}$$

式中，H_1 为 EF 进水管内水柱中心距离 FG 管轴线的垂直高度；L_1 为水柱由状态一运移到状态二的距离。

图 2.15(b) 的水力坡降为

$$i_2 = \frac{H_3}{L_1} \tag{2.69}$$

式中，H_3 为非稳定流情况下，EF 管中等效水柱中心距离 FG 管轴线的垂直高度。由图 2.15 可得 $H_1 < H_3$，即 $i_1 < i_2$，可见相同时间段内，相同水柱在位置改变状态相同的情况下，稳定流情况下的水力坡降小于非稳定流情况，后者土颗粒所受的水作用力也大于前者。因此洪峰作用下，土颗粒更易发生起动，预测室内试验应得结论为：洪峰作用情况下试样的破坏水头低于稳定流情况，即试样土颗粒开始起动以及土样管涌破坏的水头均会提前。

2.6　软弱结构面形成集中渗漏通道实例

2.6.1　红层中形成集中渗漏通道

　　某水电站为一引水式电站，挡水建筑物河床部位为混凝土重力坝，两侧以均质土坝与两岸相接，最大坝高 22.5m。混凝土坝长 66.42m，共分 8 个坝段，其中 1# 和 8# 坝段为左、右土坝混凝土挡墙。坝基主要为白垩纪紫红色粉砂岩，简称红层，由碳酸盐胶结，岩性软松，断裂裂隙发育。据坝趾基坑统计，断层达 28 条，裂隙 251 条，地质条件复杂，部分裂隙渗透性好。岩矿鉴定表明，粉砂岩碳酸盐质量分数占 40%～60%，化学成分分析 CaO 质量分数达 14.8%～17.5%，颗粒级配以细砂和粉砂为主，黏粒次之。黏土矿物经 X 射线衍射分析，以伊利石为主，蒙脱石质量分数占 30%左右。由于蒙脱石矿物具有亲水性强、分散性高、胀缩性大、晶格具活动性等特征，水溶液将会对红层物性变化起着重要作用。大坝上游 900m 处黄铁矿化带附近库水呈现酸性或强酸性，水的最低 pH 测值为 2.9，水中 SO_4^{2-} 含量达 736.4mg/L，侵蚀 CO_2 达 106.50mg/L（1980～1981 年），水质类型为 SO_4-Ca-Mg 型水，显然这是黄铁矿氧化水解的结果。故库水对混凝土有强的酸性和碳酸性侵蚀，以及弱的结晶性侵蚀。当酸性水渗入时，坝基红层将会受到侵蚀破坏，但原勘测设计工作深度不足，对红层坝基遭受破坏的机理认识不足，没有采取切实有效的防渗措施，仅在坝前设置 6m 长的水平铺盖。1977 年 5 月水库蓄水，同年 9 月在 7# 坝段钻设倒垂孔时，发现孔深 12m 处存在集中渗漏，最大渗漏量达 1L/min。1978 年该孔实测扬压力水头超过设计值 4.9 倍，1979 年超过设计值 5.8 倍，7#、8# 坝段地基红层软化、泥化严重。

　　该坝基软弱结构面形成集中渗漏通道的判断标志：

　　(1)水质变化：水中 Ca^{2+} 含量明显增加，可达 100～200mg/L，这是酸性、弱酸性水作用下红层中碳酸盐胶结物溶蚀的结果。

$$CaCO_3 + H_2O + CO_2 = Ca^{2+} + 2HCO_3^-$$

　　(2)钻孔检查：坝基 41 个地质孔中，有 30 个发现有泥化点 77 个。7# 坝段斜孔注水时，8# 坝段廊道排水孔见喷水高 50cm 的紫红色泥浆。

　　(3)钻孔穿透测试：集中渗漏通道附近出现低速带(小于 2500m/s)6 处，其中最小值为 1250m/s。

　　(4)由于坝基存在强渗漏带，扬压力大大超过设计要求，部分排水孔流量加大。

　　由于基岩软弱结构面存在一系列恶化迹象，坝基抗剪能力显著降低，抗滑稳定受到严重影响，大坝已失去正常挡水能力，必须及时加固，否则将会造成严重的损失。

2.6.2　贝壳碎屑岩中形成集中渗漏通道

某拦河坝于 1970 年兴建在南渡江上，属于浆砌石硬壳坝，最大坝高 8m，设计水头约 4m，坝顶宽 4m，坝顶长 213m。大坝左侧为船闸（已废弃）和发电机房，右侧为灌溉水闸，具有供水及交通功能。坝区位于雷琼断陷东南部云龙隆起区，属于侵蚀、剥蚀残丘地貌单元。南渡江由南向北流经坝区，坝趾河床宽约 200m，河床高程–2～3m，左岸残丘顶部高程为 20～25m，右岸残丘顶部高程约 18m，库区两岸岸坡平缓。库、坝区地层主要为古近系、第四系松散堆积物夹有多期次喷发的玄武岩。玄武岩层顶面气孔和杏仁状构造发育，底面往往有较强烈的烘烤变质现象。由于多期次喷发，古近系和玄武岩层的结构在剖面上显得比较复杂，形成多个软弱结构面。

坝基岩（土）体主要由贝壳碎屑岩和低液限黏土组成。坝体置于贝壳碎屑岩之上，修筑时未对贝壳碎屑岩进行有效的防渗处理，在长期较高水头水流侵蚀作用下，枢纽各水工建筑物基础与地基接触带附近、贝壳碎屑岩内部均被侵蚀冲刷形成不同程度的渗漏通道，致使出现多次险情，严重危及大坝安全。1987 年曾对大坝进行加固处理，在距大坝上游 5m 处浇筑厚 80cm 混凝土连续墙，总长近 290m，并对坝基灌注浓浆进行防渗处理。1996 年 9 月的大洪水将大坝左侧外溢流坝全线冲毁，大坝挑坎地基有不同程度掏空，下游河床下切。自 1996 年至今，有关部门不断对大坝进行修复加固工作。但加固处理后大坝船闸附近（大坝左侧）依然存在比较严重的渗漏问题（坝后渗漏量仍达数百立方米每小时）。由于贝壳碎屑岩胶结强度不均匀、软硬相间、透水性强等特点，该层在水流的冲刷溶蚀作用下，孔隙、孔洞进一步发育，逐渐形成大的、连通性好的渗漏通道。废弃船闸（净宽 4.5m）附近渗漏甚为严重，其中船闸底板左侧冒出的水柱具有一定的水压，对大坝安全已构成严重威胁。

可见，不论是红层断裂还是未完全胶结的贝壳碎屑岩，不论水头高低，在地下水的长期作用下，如条件适当，均可形成集中渗漏通道，对水工建筑物产生很大的威胁，必须引起足够的重视。

第 3 章 软弱结构面水文地质特性室内试验研究

通过水流对强、弱风化岩块的浸泡试验、化学溶蚀、水力冲刷，模拟验证了软弱结构面在地下水等条件的作用下，可形成集中渗漏通道。

3.1 试验研究意义

软弱结构面发育于沉积岩、变质岩、岩浆岩等三大岩类中。沉积岩多是在常温常压下形成的，但形成时的环境是十分复杂的。从地理环境划分，既有海相，又有陆相。从形成时的气候环境划分，既有湿润炎热气候，又有干燥气候环境下形成的沉积岩。从形成时的地球化学环境考虑，有氧化环境和还原环境之分。因此，沉积岩形成后环境的变迁对其岩性的改造有着重要的影响。

红色岩层，简称红层，属于沉积层类，在我国三叠纪、侏罗纪、白垩纪、古近纪时期均有沉积，是一种陆相沉积的碎屑岩。因其含 Fe_2O_3，故常呈红色。由于其中有时还含有石膏之类的易溶岩，一般认为红层是干旱气候条件下形成的沉积岩层。红层的成因类型复杂，有湖泊相、河流相、河湖交替相以及山麓洪积相等。其岩性比较复杂，有砾岩、砂岩、粉砂岩、黏土岩及其过渡类型。由于红层形成时间较晚，经历的地壳变动较少，多数褶皱轻微，产状平缓，尤其是白垩纪红层，岩层倾角大多小于 $10°$。红层中黏土质矿物成分主要为蒙脱石或伊利石，其次有绿泥石，而高岭石含量较少。

在我国，红层出露约 46 万 km^2，因而红层是水利水电工程建设中常遇到的一种堤坝基岩。红层的透水性一般很小，$K=10^{-10}\sim10^{-5}cm/s$，目前很多水利工作者把红层当作不透水岩层，认为在红层中不可能形成集中渗漏通道，对红层造成的危害没能引起足够的重视。但红层中存在软弱结构面，在适当的地质环境条件下，可构成良好的导水通道，对水利水电工程的安全构成很大的威胁。

下面以广东省北江大堤石角堤段红层岩样为例，在室内进行模拟试验，以验证在适当的条件下，软弱结构面形成集中渗漏通道的可能性。2006 年 11 月 9 日，在北江大堤石角段遥堤东北开发区取岩样(表 3.1)。

试验项目有(表 3.1)：

(1)浸泡试验。采取风化程度不同(强风化与弱风化)的岩样，在烧杯里浸泡，观察岩样在水的作用下的变化情况。强风化岩样模拟软弱结构面在地下水作用下的变化过程，作为对比试验，弱风化岩块模拟无软弱结构面的岩体。

表 3.1　岩样汇总表

试验编号	岩性	试验项目	备注
A1～A5	红褐色弱风化砂岩	浸泡、化学溶蚀	钻孔岩样芯，高及直径 7～9cm
B1～B5	灰白色弱风化砾岩	浸泡、化学溶蚀	钻孔岩样芯，高及直径 7～9cm
C1～C4	红褐色强风化泥岩	浸泡	开挖山体取样，不规则块体
D1～D2	红褐色强风化砂岩	浸泡	开挖山体取样，不规则块体
E1～E4	弱风化砂岩及泥岩	冲刷	人工切割成 4 个长方体样，长×宽×高=20cm×10cm×10cm

(2)化学溶蚀试验。分别采取红层中的砂层与砂砾岩，利用碳酸盐岩与盐酸发生反应的特性，模拟含 CO_2 的地下水对红层中可溶性岩的溶蚀作用，作为对比，对非可溶性砾岩不具有可溶性。

(3)水力冲刷试验。用 4 个长方体的岩块进行拼接，横断面呈"十"字形，模拟岩体断层或裂隙，观察在地下水的水力冲刷作用下渗透性及等效水力隙宽等的变化情况。

3.2　岩样浸泡与溶蚀试验

3.2.1　弱风化岩样浸泡及溶蚀试验

1. 弱风化岩样浸泡试验

首先将钻孔岩芯制成表 3.2 所示规格，编号 A1～A5 为红褐色砂岩、B1～B5 为灰白色砾岩，用水洗净，烘干，称重(表 3.2)。

表 3.2　岩块浸泡及溶蚀试验

编号	质量/g	直径/cm	高度/cm	备注
A1	1277	8.870	8.050	砂岩
A2	1227	8.806	7.910	砂岩
A3	1558	8.650	7.800	砂岩
A4	1270	8.942	8.180	砂岩
A5	820	7.118	8.256	砂岩
B1	784	7.080	8.100	砾岩
B2	825	7.200	7.800	砾岩
B3	877	7.140	8.130	砾岩
B4	866	7.164	7.982	砾岩
B5	862	7.202	7.924	砾岩

2006 年 11 月 14 日下午，浸泡 A1～A5、B1～B5(图 3.1)。

图 3.1　浸泡试验岩样(2006 年 11 月 14 日)

由于 A1～A5、B1～B5 在风化程度上属于弱风化砂岩及砾岩，岩质较为坚硬，经过了 24 天的浸泡，由于时间太短，不能观察到明显变化(图 3.2～图 3.4)。

(a) 2006年11月17日

(b) 2006年12月8日

图 3.2　浸泡的弱风化砂岩 A1～A3

(a) 2006年11月17日

(b) 2006年12月8日

图 3.3　浸泡的弱风化砂岩 A4～A5、砾岩 B1

图 3.4　浸泡的弱风化砾岩 B2～B5

从以上浸泡试验可知，对于弱风化岩，相对于没有发育软弱结构面的完整岩体，仅仅浸泡作用在短时期内没有明显变化。

2. 弱风化岩样化学溶蚀试验

为模拟地下水对红层的溶蚀作用，从 2006 年 12 月 20 日开始，在以上弱风化岩样中的 A5、B3 中每天加入 37%（质量分数）稀盐酸，并换新水。

在自然环境下，当同时满足如下三个条件时，可溶性岩将发生溶蚀：

(1)岩石具有可溶性；

(2)地下水具有流动性；

(3)地下水具有侵蚀性。

表 3.3 列出了石角堤基红层岩芯岩矿主要成分，钙质粉砂岩中 $CaCO_3$ 质量分数为 32%，砾岩中 $CaCO_3$ 质量分数较高，达到 51%。参照刘尚仁[223]的分类，该粉砂岩属含钙或钙质砂岩，胶结物具有可溶性，遇稀盐酸冒大量气泡，这是红层中较广分布的岩石，多分布在盆地中部，或砾屑石灰岩的内侧。砾岩主要成分为灰岩，胶结物以钙质为主，属砾屑石灰岩(石灰岩砾屑岩)，显然，也具有可溶性，但也有不含碳酸盐的，砾岩与稀盐酸无明显反应。

表 3.3　红层岩矿鉴定成分

岩性	成分		比例
钙质粉砂岩	碎屑物 70%~75%	石英	80%~85%
		长石	10%~15%
	胶结物 25%~30%	方解石	90%~95%
		泥质	10%~15%
砾岩	砾石 80%~85%	灰岩	50%~55%
		细砂岩、粉砂质泥岩、石英岩	45%~50%
	胶结物 15%~20%	钙质	60%~65%
		泥质	30%~35%

纯水对于可溶岩的溶解力很弱，只有当 CO_2 溶于地下水后，与岩石中的 $CaCO_3$ 发生如下反应：

$CaCO_3$ 溶于纯水：$CaCO_3 \longleftrightarrow Ca^{2+} + CO_3^{2+}$，$CO_3^{2+} + H_2O \longleftrightarrow HCO_3^- + OH^-$

CO_2 溶于水：$CO_2[气] \longleftrightarrow CO_2[水]$，$CO_2[水] + H_2O \longleftrightarrow H_2CO_3$

$HCO_3^- + H^+$。同时，$H^+ + OH^- \longleftrightarrow H_2O$。

从而形成一个复杂的固、液、气三相化学体系。[H⁺]与[OH⁻]反应生成水，前者浓度降低，反应向右进行，促使 $CaCO_3$ 进一步溶解。具有一定侵蚀能力的水如在可溶岩中停滞而不交替，终因碳酸盐溶于水中成为饱和溶液而丧失其侵蚀性，因此，水的流动性是保证岩溶发育的另一个必要条件。

由于在室内试验时每天先倒出烧杯里的陈水，然后加入适量浓度为 37%（质量分数）的稀盐酸，再用玻璃棒搅动杯中水，从而使烧杯内的水具有流动性。经过以上试验步骤的处理，基本上满足了可溶性岩的溶蚀条件。

需要说明的是，自然环境下的地下水的酸性是由空气中的 CO_2 溶于水造成的，即碳酸与可溶岩发生反应，碳酸属于弱酸，因此，地质史上的岩溶时间一般相当长，计算单位至少以万年计。而人工模拟不可能持续这么长的时间，为了缩短模拟过程，本次试验采用稀盐酸代替碳酸，以提高稀盐酸浓度来加速溶蚀进程。显然，这样模拟存在一个时间比尺问题，但要精确地讨论这一问题是相当复杂的，这里不做深入的探讨。虽然本书只是定性模拟红层岩样溶蚀过程，与实际情况相差较远，但足以证明在适当条件下，红层可发生溶蚀。

以砂岩样（A5）及砾岩样（B3）为例，从 2006 年 12 月 20 日开始，每天早晚换水、加盐酸、搅拌各一次。由于砾岩样 90 天后与盐酸已不再发生明显反应，认为已完全反应完毕，因此结束了砾岩溶蚀试验。但砂岩样 90 天后还剩余较多，延长了 60 天的试验时间，直到 150 天后才结束砂岩样的溶蚀试验。

B3 砾岩样由于碳酸盐含量较高，溶蚀效果显著。经过 42 天的溶蚀后，表面已千疮百孔，B3 表层红褐色的砂岩被大片溶蚀，显示出岩溶现象，岩样上部的白色方解石也被溶蚀掉一小部分，较小体积的灰岩颗粒被溶蚀掉后在原位置仍保留以前的轮廓（图 3.5（b））。溶蚀 90 天后，B3 砾岩样仅剩下一小部分，显得支离破碎。用稀盐酸滴在其表面上，没有气泡冒出。可见，B3 砾岩样可溶部分已基本上溶蚀完毕（图 3.5（c））。

(a) 溶蚀前　　　　　　　　　　(b) 42天　　　　　　　　　　(c) 90天

图 3.5　B3 砾岩样化学溶蚀试验

与 B3 砾岩样相比，A5 砂岩样的化学溶蚀要缓慢得多（图 3.6）。原因可能有二：

（1）由于 A5 砂岩样颗粒较均匀，泥质、钙质胶结，但钙质含量大大低于砾岩样 B3。从岩矿鉴定结果(表 3.3)可知，A5 钙质质量分数约 32%，而 B3 相应质量分数约为 51%。

(2)由于砂岩较为均匀、致密，而砾岩颗粒大小不均，当一块块颗粒溶蚀后，与酸性溶液接触的表面积将增大，更有利于反应的进一步进行。一个很明显的证明是：采用相同浓度、相同体积稀盐酸时，当砾岩样 B3 残余液无明显的酸性时，用砂岩样 A5 的残余液滴入 B3 时，B3 仍有反应，即有气泡冒出。

(a) 溶蚀前　　　　　　　　　　　(b) 150天

图 3.6　A5 砂岩样化学溶蚀试验

试验过程中，每隔 30 天将烧杯中的岩样取出，清洗、烘干、称重，结果见表 3.4、图 3.7。

从表 3.4 可知，砂岩样 A5 及砾岩样 B3 经过化学溶蚀后，残余质量逐渐变小，但前者变化率远较后者小。溶蚀 90 天后，A5 从溶蚀前的 820g 减少到 489g，减少了 40.4%；B3 从 877g 减少到 184g，减少了 79.0%。由于 A5 延长了溶蚀时间，最终残余质量为 132g，减少了 83.9%。这说明了在经受相同溶蚀时间条件下，砂岩比砾岩溶蚀速度慢，但经过长期溶蚀，即不考虑时间限制，砂岩溶蚀程度与砾岩很接近，甚至超过砾岩。因此，有些研究者甚至认为，红层中的岩溶规模可与灰岩相比[224]。

表 3.4　弱风化岩样化学溶蚀试验结果

	结果	A5(砂岩)/g	B3(砾岩)/g	备注
	0	820	877	试验开始
	30	703	677	
时间/d	60	639	483	
	90	489	184	B3 试验结束
	150	132	—	A5 延长 60 天
溶蚀量/g		688	693	
溶蚀百分比/%		83.9	79.0	

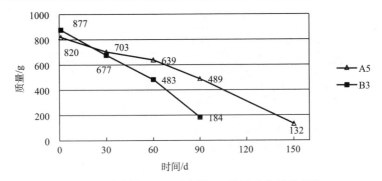

图 3.7　砂岩样 A5 及砾岩样 B3 溶蚀残余质量变化

值得注意的是，在软弱结构面附近，红层岩溶更易发育。例如，石角堤基钻孔掉钻位置多发生于砂岩与砾岩接触带。在三水区森林公园发育一个溶洞，洞顶为砾岩，洞底为砂岩。这是因为砾岩钙质含量高，在相同条件下，岩溶发育更好，而砂岩、砾岩层面就是结构面，相对薄弱一些，岩溶在这里更易发育。

3.2.2　强风化岩样浸泡试验

2006 年 11 月 15 日，开始浸泡 C1～C4、D1～D2 强风化岩样。这些岩样外形都是不规则的(图 3.1)。

对于强风化泥岩及砂岩，很快就能观察到明显的变化。11 月 16 日早上，即浸泡 17h 后，强风化泥岩块 C1～C4 出现开裂、崩解现象(图 3.8～图 3.11)，其中，C2、C4 几乎全部崩解，而 D1～D2 因系砂岩，仅见很小部分崩解后沉入杯底，D2 显得较完整(图 3.12～图 3.13)。软弱结构面及其影响带由于风化较为剧烈，在地下水的浸泡下，很容易发生崩解，这说明软弱结构面为基岩形成集中渗漏通道带来了有利条件。当用玻璃棒搅动杯中的水时，岩块崩解迅速、彻底，重新沉积的破碎物质更显松散，这一过程定性模拟了在地下水长期渗流作用下，软弱结构面之间的充填物容易被水流带出，加快了集中渗漏通道的形成与规模的扩大。

(a) 开始浸泡(11月15日)　　　　　　(b) 17h之后(11月16日)

图 3.8　强风化泥岩 C1 浸泡不同时段对比图

(a) 开始浸泡(11月15日)　　　　　　　(b) 17h之后(11月16日)

图 3.9　强风化泥岩 C2 浸泡不同时段对比图

(a) 开始浸泡(11月15日)　　　　　　　(b) 17h之后(11月16日)

图 3.10　强风化泥岩 C3 浸泡不同时段对比图

(a) 开始浸泡(11月15日)　　　　　　　(b) 17h之后(11月16日)

图 3.11　强风化泥岩 C4 浸泡不同时段对比图

从这些试验可知，当风化不是很强烈时，堤坝基岩完整性好，仅浸泡作用对堤内管涌不会产生很大的不利影响；但当存在软弱结构时，如裂隙密集带或张性断层时，因岩体不完整、应力释放，而成为地下水集中冲刷的对象，即存在优势流作用，并沿着这些软弱结构面进一步冲蚀。

| (a) 开始浸泡(11月15日) | (b) 17h之后(11月16日) | (c) 11月19日 |

图 3.12　强风化砂岩 D1 浸泡不同时段对比图

| (a) 开始浸泡(11月15日) | (b) 17h之后(11月16日) | (c) 11月19日 |

图 3.13　强风化砂岩 D2 浸泡不同时段对比图

3.3　水力冲刷试验

3.3.1　试验装置

在现场取砂岩及泥岩样，制样，拼装，模拟岩体软弱结构面，在一定的水头下进行冲刷试验。2006 年 11 月 16 日，将岩块切割打磨后的 E1～E4 长方体岩块装入冲刷试验装置，岩样规格见表 3.1。4 个岩块的自然拼接面模拟岩体软弱结构面，在横剖面上呈"十"字形(图 3.14)。岩块与有机玻璃箱内壁之间用防渗材料止水，以使水流集中于"十"字形裂隙中。冲刷设备上游接可升降水头的水箱，在进出水口附近各设有测压管。

需要说明的是，裂隙渗流试验需要考虑的因素有很多，存在很多不确定性，本试验只是为了验证红层软弱结构面在交替流向地下水的作用下裂隙等效水力宽度及其他参数的一般变化情况，而不做其他方面深入的探讨。

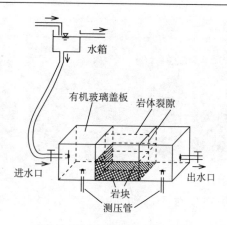

图 3.14　岩体冲刷试验装置图

3.3.2　试验过程

水力冲刷试验从 2006 年 11 月 16 日开始，至 2007 年 5 月 31 日止，2006 年 12 月 20 日～2007 年 3 月 4 日之间因故没有记录，但试验没有间断。2006 年 11 月 16 日上午 9:00，冲刷试验正式开始。首先进行充水，试验箱内产生大量气泡。通过调整试验箱排气孔高度，将其中气体排出。值得说明的是，在 2007 年 3 月 13 日之前，由于水流逐渐变小并趋向稳定，将进出水口对调，即出水口改为进水口、进水口改为出水口。之后，水流量逐渐变大，逐步恢复到试验开始时的状态，最后，进一步增大，并相对稳定了数天，至此试验结束。这一进出水口对调的试验过程，恰恰模拟了江水位频繁涨落、堤基软弱结构面内地下水流向往复变化的过程。

试验过程中的前一段时间每天测量、记录 2 次，接下来每天观测一次，然后 2～4 天观测一次。观测项目有：渗流量变化、测压管水头变化以及其他变化情况。试验原始数据如表 3.5 所示。

表 3.5　水力冲刷试验数据

序号	试验日期	水头 H/cm	渗径 L/cm	水流量 Q/mL	时间/s
1	2006-11-18 8:30	17.5	20	2000	34
2	2006-11-18 20:40	18	20	7000	100
3	2006-11-19 9:00	19	20	7000	100
4	2006-11-19 20:30	19.5	20	7000	100
5	2006-11-20 15:00	21	20	7000	102
6	2006-11-21 8:30	22.5	20	7000	99
7	2006-11-21 20:30	28	20	7000	101
8	2006-11-22 8:30	28	20	7000	98

续表

序号	试验日期	水头 H/cm	渗径 L/cm	水流量 Q/mL	时间/s
9	2006-11-23 8:30	43	20	7000	99
10	2006-11-24 8:30	29.5	20	7000	105
11	2006-11-26 20:30	31	20	7000	110
12	2006-11-28 18:00	32.5	20	7000	110
13	2006-11-30 9:30	34	20	7000	110
14	2006-12-1 11:00	35	20	7000	113
15	2006-12-4 11:00	36.5	20	7000	112
16	2006-12-6 11:00	37	20	7000	114
17	2006-12-8 8:30	37.5	20	7000	114
18	2006-12-11 8:30	41.5	20	7000	118
19	2006-12-14 8:30	44	20	7000	120
20	2006-12-15 8:30	42	20	7000	122
21	2006-12-17 8:30	45	20	7000	120
22	2006-12-17 8:30	47	20	7000	123
23	2006-12-19 21:30	48	20	7000	126
24	2007-3-5 8:30	95	20	7000	165
25	2007-3-8 8:30	88	20	7000	170
26	2007-3-12 8:30	86	20	7000	175
27	2007-3-13 8:30	85	20	7000	178
28	2007-3-14 8:30	84	20	7000	174
29	2007-3-15 8:30	80	20	7000	172
30	2007-3-16 8:30	81	20	7000	173
31	2007-3-17 8:30	76	20	7000	170
32	2007-3-18 8:30	78	20	7000	167
33	2007-3-19 8:30	75	20	7000	167
34	2007-3-20 8:30	76	20	7000	163
35	2007-3-21 8:30	74	20	7000	162
36	2007-3-22 8:30	71	20	7000	162
37	2007-3-23 8:30	68	20	7000	160
38	2007-3-24 8:30	67	20	7000	161
39	2007-3-25 8:30	67	20	7000	158
40	2007-3-26 8:30	63	20	7000	153
41	2007-3-27 8:30	60	20	7000	154
42	2007-3-28 8:30	60	20	7000	150
43	2007-3-29 8:30	61	20	7000	148
44	2007-3-30 8:30	58	20	7000	149

续表

序号	试验日期	水头 H/cm	渗径 L/cm	水流量 Q/mL	时间/s
45	2007-3-31 8:30	56	20	7000	144
46	2007-4-1 8:30	50	20	7000	143
47	2007-4-2 8:30	51	20	7000	142
48	2007-4-3 8:30	48	20	7000	143
49	2007-4-4 8:30	47	20	7000	139
50	2007-4-5 8:30	44	20	7000	138
51	2007-4-6 8:30	45	20	7000	137
52	2007-4-7 8:30	44	20	7000	130
53	2007-4-8 8:30	40	20	7000	125
54	2007-4-9 8:30	40	20	7000	124
55	2007-4-10 8:30	38	20	7000	119
56	2007-4-11 8:30	36	20	7000	117
57	2007-4-12 8:30	33	20	7000	114
58	2007-4-14 8:30	34	20	7000	110
59	2007-4-16 8:30	33	20	7000	110
60	2007-4-18 8:30	33	20	7000	107
61	2007-4-20 8:30	30	20	7000	105
62	2007-4-22 8:30	28	20	7000	104
63	2007-4-24 8:30	27	20	7000	100
64	2007-4-26 8:30	24	20	7000	99
65	2007-4-28 8:30	22	20	7000	98
66	2007-4-30 8:30	18	20	7000	99
67	2007-5-2 8:30	16	20	7000	96
68	2007-5-4 8:30	17	20	7000	94
69	2007-5-6 8:30	16	20	7000	93
70	2007-5-8 8:30	15	20	7000	90
71	2007-5-10 8:30	14	20	7000	89
72	2007-5-12 8:30	14	20	7000	85
73	2007-5-14 8:30	12	20	7000	84
74	2007-5-16 8:30	10	20	7000	84
75	2007-5-18 8:30	10	20	7000	84
76	2007-5-22 8:30	10.5	20	7000	84
77	2007-5-25 8:30	10	20	7000	84
78	2007-5-29 8:30	10	20	7000	84
79	2007-5-31 8:30	10	20	7000	84

为观察清楚渗流通过裂隙的过程，2006 年 12 月 19 日，用墨水作为示踪剂，录制了这一过程：示踪剂首先从进水口处流入试验箱，由于试块前后各竖有一块带筛孔的有机玻璃挡板，对水流有调匀作用，示踪剂在挡板前与水流混合在一起。由于岩块挡住了视线，示踪剂如何通过试块裂隙是观察不到的。很快，示踪剂通过了裂隙，在裂隙出口与挡板之间与水流混合并趋向均匀。同时，示踪剂穿过有机玻璃挡板，向出水孔流出。当整个箱体充满示踪剂时，示踪试验结束。

从示踪试验中可知，由于裂隙的存在，大部分水流沿裂隙快速通过，即展示了优势流的存在，使裂隙附近的岩体受水流作用力更大，更有利于软弱结构面的冲蚀发展。

3.3.3　试验数据处理

试验中实测数据有：渗流量 Q，上下游水位 H_1、H_2，试验前裂隙宽度 b_0，渗径 L（表 3.5）。

垂直于水流方向的裂隙面积

$$A = L_1 b_{01} + L_2 b_{02} - b_{01} b_{02} \tag{3.1}$$

渗透流速

$$v = \frac{Q}{A} \tag{3.2}$$

平均水力坡降

$$J = \frac{H_1 - H_2}{L} \tag{3.3}$$

渗透系数

$$K = \frac{v}{J} \tag{3.4}$$

等效水力隙宽

$$b = \sqrt[3]{\frac{12vQ}{gJ}} \tag{3.5}$$

式中，A 为垂直于水流方向的裂隙面积；v 为渗透流速；J 为平均水力坡降；K 为渗透系数；b_{01}、b_{02} 分别为试验前水平、竖直方向裂隙宽度；b 为等效水力隙宽；L_1 为垂直于水流方向、水平方向裂隙长度；L_2 为垂直于水流方向、竖直方向裂隙长度；v 为水的运动黏度；g 为重力加速度。

根据试验测得数据可求出 J、K、b，绘于图 3.15 中。从图中可看出，总体上讲，J 先变大后变小，而 K、b 正好相反。

　　为了进一步探求 J、K、v、Q、b 各量之间的内在联系，分别绘制 J-K、J-v、J-Q、b-J 关系曲线图(图 3.16～图 3.19)。从这些图中可知，由于 2007 年 3 月 13 日对调了进出水口，试验数据总的变化趋势是：水力坡降 J 先增大后减小，渗透系数 K 先减小后增大，等效水力隙宽 b 先减小后增大。试验中，水力坡降 J 从 0.875 增加到 4.75，然后又降至 0.5，并在试验快结束时趋于稳定。渗透系数 K 从 31.4cm/s 降至 7.4cm/s，然后又增大至 52.1cm/s，并在试验范围内趋于稳定。等效水力隙宽

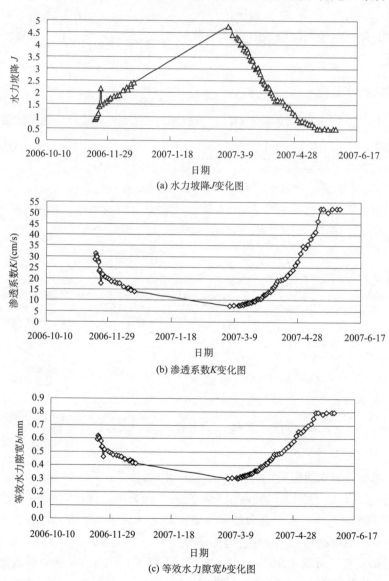

(a) 水力坡降 J 变化图

(b) 渗透系数 K 变化图

(c) 等效水力隙宽 b 变化图

图 3.15　冲刷试验水力坡降 J、渗透系数 K、等效水力隙宽 b 变化图

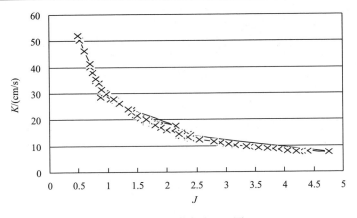

图 3.16　冲刷试验 *J-K* 图

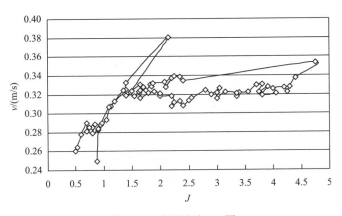

图 3.17　冲刷试验 *J-v* 图

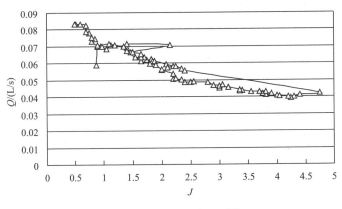

图 3.18　冲刷试验 *J-Q* 图

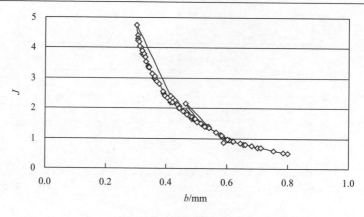

图 3.19　冲刷试验 *b-J* 图

b 从 0.6mm 减小至 0.3mm，然后逐渐上升，至 0.8mm 时试验结束。从图中还可看出，裂隙渗透系数 *K*、流量 *Q*、等效水力隙宽 *b* 随着水力坡降 *J* 的增大而变小，而流速 *v* 随 *J* 的增加而略有增加，变化较小。这是因为当裂隙淤积变小时，*b* 变小，*J* 增大，表明阻力增大，因此，*K* 变小，*Q* 也变小，而流速略有变化；当裂隙趋于冲蚀时，情况刚好相反。

　　以上试验表明，岩体裂隙在地下水作用下裂隙宽度先变小，具有淤积趋势，对调出水口后，随着水力坡降的增加，裂隙面附近颗粒被水流带走，裂隙宽度变大。在地下水流向改变条件下，岩体裂隙逐渐变大。实际情况中，特别是堤坝，江水位频繁升降，地下水流向也频繁交替，软弱结构面受水流冲刷隙宽逐渐变大，在适当的条件下，最终可形成集中渗漏通道。

第4章 基岩集中渗漏通道示踪探测方法研究

既然集中渗漏通道可在基岩中形成，因此，探测集中渗漏通道的具体位置是必不可少的工作。当采用天然示踪技术时，现场取原状样是必要的，因此研制了取样器。地下水流速是探测渗漏位置的必需参数，讨论了考虑示踪剂弥散作用的地下水水平流速的计算方法。论证了对具有天然水力坡度的含水层，其涌水量仍可用相关井流公式来计算。当存在涌水含水层时，由于示踪剂不能进入其中，难以测定其中地下水的流速，提出了采用注水试验与垂向流测量相结合的方法来解决这一技术难题。

4.1 概   述

前已述及，当堤坝基岩存在软弱结构时，在与地下水流长期相互作用之下，易形成与堤内连通的集中渗漏通道，从而造成或加剧堤内管涌。为根治堤内由此引发的险情，封堵基岩集中渗漏通道是必要的，但首先应探测出该通道的具体位置。探测基岩集中渗漏通道的方法有多种，如最直接的方法就是地质钻探，但当集中渗漏通道可能存在的范围较大、埋深也较大时，该方法效率低、成本高，成功率低。也可采用地球物理探测，如高密度电阻率法、激发极化法、自然电场法、地震波、地质雷达等，但存在多解性、精度低等局限性，难以达到实际要求，有待从定性、半定量逐步提高到定量阶段，还需要加强试验，并从探测实践中总结经验。由于地球物理探测是一种间接勘探方法，其基本原理和方法在理论上没有大的突破，每一种方法都有其适用性、局限性和多解性，特别是在埋深大而空间尺寸相对小的渗漏通道探查方面显得无能为力。

事实上，地层介质与地下水之间是相互作用的，这种作用包括物理的和化学的，甚至是生物的，地层介质的特征经水-岩间的各种作用后，在地下水流场，包括化学场、温度场等中必有所反映。应用基于地下水天然流场的综合示踪(天然示踪和人工示踪方法)探测技术研究渗漏问题可以弥补地球物理勘探手段的不足。调查渗漏问题，如无人工和天然示踪方法的应用，在很多情况下要查清楚水库(堤坝)的渗漏是不可能的。往往采用示踪方法可以对水库的集中渗漏处理提出更可靠和经济的方案，而采用示踪方法本身所产生的费用跟处理费用相比，可忽略不计。

　　根据探测集中渗漏通道的示踪剂来源不同，可将示踪方法分为天然示踪技术与人工示踪技术(图 4.1)。

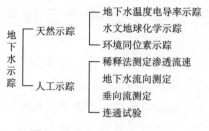

图 4.1　地下水示踪常用方法

4.2　取样要求及方法

　　当借助电导率、化学成分、环境同位素等进行渗漏通道的探测时，因需要在室内实验室进行测量，因此，现场取样是必要的。

　　由于本书研究的重点是集中渗漏通道的探测，显然，采取集中渗漏通道及其附近的水样是必不可少的，且对采取质量提出很高的要求，如在钻孔中某指定深度采样。如果采样方法不当，可能没有代表性而失去意义，而且这种损失经常是不可弥补的，甚至误认为是具有代表性的、真实的水样，从而得出错误的结论。因此，对于同位素地下水的采样，应有其相应的要求。钻孔中在指定深度采样方法将在下一节详细介绍。

　　水样的制取主要是为了获得有关所考察系统的水量、水质以及水力特性的信息。为了获得合适的信息，应该遵守以下几点：

　　(1)取样装置必须能够维护地下水的水量和水质的原始信息。

　　(2)在取样点，水样必须反映含水层相应深度的地下水特性，并且取样点附近的地下水流场不被井的结构扰动。

　　(3)考虑取样的位置以及取样的频率。为了获得合适的取样位置以及时间信息，必须具有井的结构资料，以及对地下水水力运移方面的假设(这种假设必须随着调查的进行而调整)。

　　在没有井的含水层中地下水一般是水平流动，或具有很缓的水力坡度，但许多情况下也存在很小的垂直流。钻井由于把不同水头的含水层连接起来或在水力传导性变化的含水层中安装各向同性的过滤器而扰动了地下流场的分布。两者将引起沿着井轴线方向的水力"短路"以及垂向流。这样将得不到在天然状况下的化学组成以及同位素信息。图 4.2 是一个典型的垂向短路的例子，井中产生自上而下的垂向流。显然，只有在含水层的涌水处取样，才能得到不受垂向流扰动的水样，而吸水处(图 4.2 中下部)的水体被混合，不能代表天然状态的地下水运动特征。由此可见，如得到反映真实情况的水样，首先应查清楚钻井揭露的地层特性，然后进行准确的定点取样。

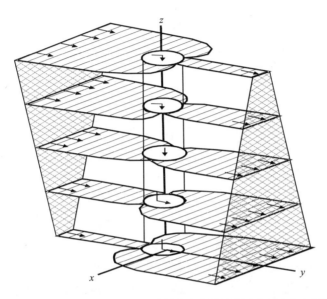

图 4.2　沿着井的轴线存在水头差的井内外的流场(垂向流自上而下)

在现场成功采样之后，在进行样品分析实验之前的这段时间内，必然经过样品的收集、运输、存储、制样等环节。这些过程将发生以下作用：由于水的蒸发引起样品的同位素分馏或扩散、样品与周围环境(如盛样品的容器)进行同位素交换，如处理不当，必将影响实验结果的准确性。通过适当的收集方法、选用适当的容器，可使这些影响减到最小，但这些准备工作必须在现场取样前做好。

蒸发对同位素的影响是很大的，据对比试验：样品的 10% 损失将导致大约 10‰ 的 ^{2}H 和 2‰ 的 ^{18}O 的富集。下面几点应值得注意：

(1)最安全的存储容器是玻璃瓶，只要封口部分不损坏，至少可存储 10 年。

(2)对于收集、存储时间只有几个月的样品，采用高密度的聚乙烯瓶可满足要求(水和二氧化碳很容易通过低密度的聚乙烯而扩散)。

(3)细颈瓶是最符合要求的，盖子必须绝对密封(塑料塞子、氯丁橡胶等)。

(4)关于水量的多少：对于 ^{2}H 和 ^{18}O 的同位素含量分析，瓶子体积一般达到 50 mL 即可；对传统 ^{14}C 年龄的测定，需要 50 L 水。对 AMS ^{14}C 年龄的测定，250 mL 水量就足够了；对低水准 ^{3}H 分析而言，需用 500 mL。如果存储时间超过几个月，最好是选择一个大体积的玻璃瓶存储试样（这样蒸发的影响将减小到最低限度）。

4.3　定点取样器——弹簧压卡式取水器

在钻孔中某一深度取水样进行环境同位素及水化学分析，对调查研究区域水文地质条件具有重要的意义。但是，目前国内尚没有出现真正意义上的定点取样器，常规的取水装置取到的水样实际上是或多或少的混合水样，或是表层水样，这大大影响了水样的应用价值，甚至得出错误的结论。作者研制了孔中定点取样器——弹簧压卡式取水器，并取得实用新型专利（ZL200520061353.9）。该取样器最大直径 40mm，长 100mm，可配制一定长度的钢丝绳，可在一般测压管或钻孔中进行采样。

4.3.1　研制背景及意义

德国在此方面走在前列：①将取样器下入指定深度，采用机电设备，打开管口，等到水体充满器具时，拧紧管口盖，将水样取出。该设备能达到定点取样的目的，但造价高昂。②还有一种取样器，在吸管的下端安装一小铁球，其下有一个直径较铁球小的进水孔，其功能可进水及阻挡铁球跌落孔底。把吸管放入孔内指定深度，利用大气压强原理，人工上下快速移动吸管。当吸管向上运动时，铁球与进水孔紧贴，以使管内水体不能流出，当吸管向下运动时，铁球向上离开进水孔，使钻孔水体进入吸管，如此往复运动，钻孔中的水就不断地进入吸管而流入地面指定盛水设备。这种设备比较简单，但由于利用大气压强原理，当地下水埋深超过 10m 时，就无能为力了。在国内，采样方法主要有：①在钻孔中直接取水，显然是混合水样，不能满足要求。②抽水泵取水，但要求大孔径（ϕ120mm以上），而常规的钻孔孔径一般在 ϕ100mm 以下，所以难以满足要求，除非是大口径的水文地质钻井，但其造价偏高，若采用此类井作为同位素探测井，必将制约同位素的应用。③带有微小进水孔的取样器，即在取样器的上端开一小孔（一般在 ϕ<1mm 以下）。取水样时，将其深入钻孔指定深度，钻孔水体通过该小孔缓慢进入取样器，然后取出取样器。该取样器在放入与提取过程中，显然与途中水体进行混合。如使混合水体足够小以至于可忽略不计，那么，该进水小孔必足够小，但这需要等待更长时间使指定点的水体装满取样器，显然这两点是相互制约的，且最终还是或多或少地混入沿程外界的水体。因此，研制成本低廉且能快速取样的定点取样器对分析堤坝渗漏具有重要的意义。

4.3.2　取样器设计与取样实施

参阅图 4.3，弹簧压卡式取水器包括筒体，筒体由内径较小的上筒体 1 和内径较大的下筒体 2 连接而成，在下筒体 2 的底端设有倒锥面 3，其顶部设有通孔 4，以进入指定深度的水体，在倒锥面 3 内放置有用于密封通孔 4 的钢球 5，筒体还套有一可在筒体内上下移动的压杆，该压杆由上直杆 6 和下直杆 7 通过螺栓 8 和螺帽 9 的配合连接，下直杆 7 的下部套接有一紧贴下筒体 2 内壁的活塞 10，活塞 10 的外壁嵌套有两个密封圈 11，压杆上套有弹簧 12，其下端抵住活塞 10 的上端面，而上端抵住上直杆 6 的环形台阶 13，上筒体 1 的上部分内径小于下部分的内径，因此在交界处形成一个由筒壁形成的限位面 14，在上筒体 1 中设有提把型活动卡条 15，在上直杆 6 内设有空腔 16，在空腔 16 对应的侧壁上贯通设有卡槽 17，空腔 16 内还设有可在空腔内上下活动的台阶式活动条 18。

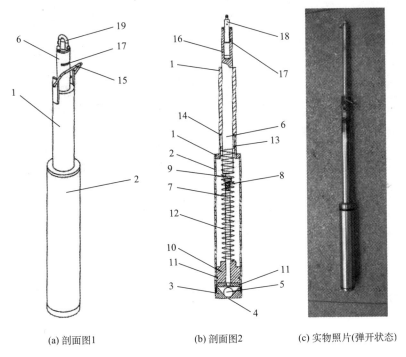

(a) 剖面图1　　　　(b) 剖面图2　　　　(c) 实物照片(弹开状态)

图 4.3　弹簧压卡式取水器

在取水样前，用力把压杆往下压，同时带动活塞下移，把筒内的气体从通孔处排出，当下直杆的底端紧压钢球以密封通孔时，把活动卡条往上拨以卡入卡槽中将压杆定位，弹簧在环形台阶和活塞的作用下处于压缩状态。

采集钻孔中的水样时，用绳索等缚紧压杆的挂钩19，慢慢把取水器下放入钻孔中，当下降到预定的需要采集水样的深度时，停止下降，并用力上下抖动绳索从而带动取水器上下抖动，上直杆的空腔内的台阶式活动卡条在惯性的作用下也在空腔内上下跳动，其台阶将活动卡条从卡槽中碰出，此时在弹簧的作用下，压杆和活塞向上移动离开钢球。由于筒体内气压小，在水压差的作用下，钻孔中的水体顶开小钢球从通孔处进入筒体内的空腔，当筒体内的水压等于外部水压时，小钢球重新密封通孔，此时向上提起绳索，将取水器拉起，完成了在某一深度的取水工作。

4.3.3　应用——北江大堤测压管中定点取样

为了查清北江大堤石角段堤内管涌与基岩集中渗漏通道之间的关系，先后在丰水期及枯水期对可能揭露渗漏通道的钻孔进行了采样。2005 年 3 月 19 日采集了 9 个钻孔水样，采样深度为 20～70m，每个样采集用时 20～30min。同年 6 月 26 日，又成功采集了 8 个钻孔水样，采样深度为 40～70m，为利用水化学及环境同位素研究基岩集中渗漏提供了可靠的水样。由于该取样器长度较小，即使钻孔不是铅直的，甚至局部弯曲，也可顺利进行取样。如现场中的 9# 孔，管身上部明显倾斜，在孔深 9～11m 附近，管身出现了较大的变形，但利用该取样器仍然可取出满足要求的水样。当然，为了增加其适应性，还可对该取样器进行改进，如减小取样器的有效长度、直径等。

4.4　考虑弥散作用的示踪稀释测流物理模型

对于任何种类的示踪剂，当假定不考虑垂向流、稀释段内各点浓度保持相等、示踪剂浓度很低等时，存在如下关系(点稀释公式)[171]：

$$v_\text{f} = \frac{\pi r}{2\alpha t} \ln \frac{N_0}{N} \tag{4.1}$$

式中，r 为钻孔半径；α 为流场畸变校正系数；N_0 为 t=0 时放射性示踪剂的计数率，利用核探测器测量；N 为 t 时刻放射性示踪剂计数率。

当钻孔揭露具有不同静止水位的含水层时，钻孔所表现出来的水位是混合水位，静止水位低于混合水位的含水层表现为吸水性质，反之，表现为涌水性质，因此钻孔中必然产生垂向流。此时水平流速可由广义稀释定理估算[207]：

$$v_\text{f} = \frac{\pi r}{2\alpha \left\{ t - \frac{(v_A - v_B)t^2}{2h} + \frac{t^3}{3}\left[\frac{(v_A - v_B)}{h}\right]^2 - \frac{t^4}{4}\left[\frac{(v_A - v_B)}{h}\right]^3 + \cdots \right\}} \ln \frac{N_0}{N} \tag{4.2}$$

式中，v_A、v_B 分别为 A、B 两点的垂向流。

但式(4.2)中示踪剂质量不守恒。当考虑示踪剂质量守恒时含水层水平流速计算公式为[224]

$$v_{\mathrm{f}} = \frac{\pi r}{2\alpha} \frac{\left[N(0,t)v_A - N(h,t)v_B \right] - \int_0^h \frac{\partial N(z,t)}{\partial t}\mathrm{d}z}{\int_0^h N(z,t)\mathrm{d}z} \tag{4.3}$$

值得注意的是，式(4.1)、式(4.2)与式(4.3)均没有考虑示踪剂在孔中的弥散影响。当孔中存在垂向流，特别是垂向流速远大于水平流速时，示踪剂在孔中垂直方向上将发生很强烈的纵向弥散。此时若不考虑其作用，将大大影响测量精度，甚至得出错误的结果。West 和 Odling[20]考虑了钻孔中示踪剂的扩散作用，在附近有抽水井进行抽水的条件下，利用对流-扩散方程求得钻孔垂向流速、含水层的导水系数及储水系数，但没有给出含水层水平流速的表达式。以下考虑示踪剂弥散作用，采用单孔测试技术，不需要附近存在抽水孔这一条件，推导含水层地下水水平流速计算公式。

4.4.1　微元法建立广义稀释定理模型

当被测含水层中存在垂向流干扰时，仍可以考虑全孔标记示踪剂进行测量。例如任一含水层存在向下的垂向流，将示踪剂投放在孔中，从孔中取出 AB 段进行考察。在 A、B 两点之间，连续探测包括 A、B 两点在内的示踪剂的浓度变化，并根据浓度变化曲线求出 A、B 两点的垂向流速。假设与 A、B 对应的含水层为均匀分布，水头相同，并假设每个与孔正交的截面上示踪剂各点的浓度保持相等(在孔的内径较小、流速较低时是可以近似满足的)，示踪剂在垂直方向的分布可不均匀(图 4.4)。

AB 段水柱的补给源分别来自含水层上游一侧的水平流 q_U 和来自 A 点由上向下的垂向流 q_A；同样流出水柱的通路也有两个，流出 B 点的 q_B 和流向含水层下游一侧的 q_D。A、B 两点间的孔水组成稀释水柱，当示踪剂由 A 运动到 B 期间，所有进入稀释水柱的水都与孔中的示踪剂混合并在每个正交截面上的各点浓度 $c(z,t)$ 相同。

投放在 A 点上方的示踪剂随着孔中的水从 A 点运动到 B 点，示踪剂晕全部经过了 A、B 两点并被测定，已知 A、B 两点的垂向流速与流量分别为 v_A 和 q_A、v_B 和 q_B，含水层上、下游的流速与流量分别为 v_U、q_U、v_D 和 q_D。

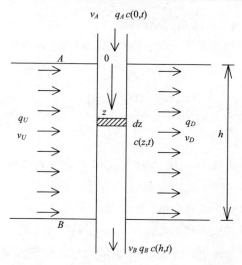

图 4.4　考虑弥散作用的水平流速计算示意图

当井中出现不均匀垂向流时，所研究流场可视为水平流场与因垂向流造成的井周的径向流叠加产生的（图 4.5）。垂向流流入或流出 AB 段含水层，其净流入量或流出量可用 AB 两端的速度差来表达，它反映了径向流的存在（图 4.5（b））。对于考察对象 AB 段，因为四周边界已确定，其中水体质量是守恒的，如果不考虑水体的压缩性，流入流出 AB 段的水的体积也是守恒的。根据任一时刻 AB 段孔内水体质量平衡原理，有

$$q_U + q_A - q_B - q_D = 0 \tag{4.4}$$

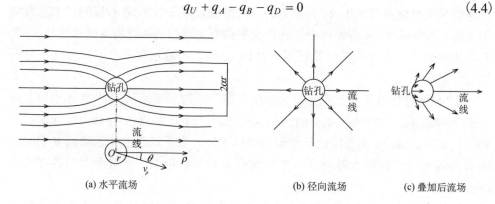

图 4.5　水平流场与径向流场叠加示意图

对于无径向流场的水平流场（图 4.5（a）），流出钻孔 AB 段的流量 q_D 可按下式计算：

$$q_D = -\int_{-\pi/2}^{\pi/2} v_\rho rh \mathrm{d}\theta \tag{4.5}$$

式中，v_ρ 为水平流场的流出钻孔的径向流速；θ 为 v_ρ 与原水平流场的夹角。

因为示踪法测到的只能是钻孔附近的等效平均流速 v_D，假设与原水平流场的方向相同，其大小按流出钻孔的真实流量来等效计算：$q_D = -\int_{-\pi/2}^{\pi/2} v_\rho rh \mathrm{d}\theta = 2rhv_D$。等效后的流量计算可这样来理解：底边长为钻孔直径 $2r$、高为 h、流出的长度为 v_D（单位时间内）构成的长方体的体积。同理，$q_U = 2rhv_U$（v_U 也是等效流速）。而垂直方向上的流量分别为 $q_A = \pi r^2 v_A$，$q_B = \pi r^2 v_B$。

代入式(4.4)，整理，得

$$2h(v_U - v_D) + \pi r(v_A - v_B) = 0 \tag{4.6}$$

从而得到 v_U 与 v_D 的关系。

再考察 AB 段水体从 $t \rightarrow t + \Delta t$（$\Delta t$ 很小）时间段内示踪剂的质量守恒。

$$m_{t+\Delta t} = m_U + m_A + m_t - m_B - m_D + m_A' - m_B' + m_x' - m_I \tag{4.7}$$

式中，m_U、m_D 分别为在很小的 Δt 时间段内水平向流入、流出 AB 段的示踪剂质量，显然，$m_U = 0$；m_A、m_B 分别为 Δt 时间段内竖直向流入、流出 AB 段的示踪剂质量；m_t、$m_{t+\Delta t}$ 分别为 AB 段 t、$t + \Delta t$ 时刻对应的示踪剂质量；m_A'、m_B'、m_x' 分别为因弥散作用在 Δt 时间段内竖直向流入、流出、水平方向流出 AB 段的示踪剂质量，因横向弥散系数常远小于纵向的，可略而不计，即 $m_x' \approx 0$；m_I 为源汇项，示踪剂在 Δt 时间段内因放射性衰变、被吸附、分解等原因支出的质量，一般情况下，可不计，$m_I \approx 0$。

在 AB 段内沿高度 z 方向(竖直向下)任取一圆饼状微元(图4.5)，其厚度为 $\mathrm{d}z$，假设微元内各处示踪剂浓度均相等，为 $c = c(z, t)$，是深度 z 与时间 t 的函数。因此，

$$m_A = c(0, t)v_A \pi r^2 \Delta t，\quad m_B = c(h, t)v_B \pi r^2 \Delta t，\quad m_t = \int_0^h \pi r^2 c(z, t) \mathrm{d}z$$

$$m_D = \int_0^h 2rv_D \Delta t c(z, t) \mathrm{d}z，\quad m_{t+\Delta t} = \int_0^h \pi r c(z, t + \Delta t) \mathrm{d}z$$

$$m_A' = -D_L \left. \frac{\partial c(z, t)}{\partial z} \right|_{z=0} \cdot \pi r^2 \Delta t，\quad m_B' = -D_L \left. \frac{\partial c(z, t)}{\partial z} \right|_{z=h} \cdot \pi r^2 \Delta t，\quad m_x' = 0，\quad m_I = 0$$

式中，D_L 为纵向弥散系数。

代入式(4.7)，化简，得

$$\frac{\int_0^h \pi r \left[c(z,t+\Delta t) - c(z,t) \right] \mathrm{d}z}{\Delta t} = \pi r \left[c(0,t)v_A - c(h,t)v_B \right] - \int_0^h 2v_D c(z,t) \mathrm{d}z$$

$$- \pi r D_L \left[\left. \frac{\partial c(z,t)}{\partial z} \right|_{z=0} - \left. \frac{\partial c(z,t)}{\partial z} \right|_{z=h} \right]$$

令 $\Delta t \to 0$，两边对 Δt 取极限，整理，得

$$\int_0^h \pi r \frac{\partial c(z,t)}{\partial t} \mathrm{d}z = -\pi r \left[cv - D_L \frac{\partial c}{\partial z} \right] \Bigg|_{z=0}^{h} - \int_0^h 2v_D c(z,t) \mathrm{d}z \tag{4.8}$$

因 v_D 为常数，考虑到 $v_f = v_D / \alpha$，$D_L = \alpha_L v P e^{m_1}$，这里 α_L 为纵向弥散度，Pe 为 Peclet 数，m_1 为常数，通常情况下，可按下式近似：

$$D_L \approx \alpha_L v \tag{4.9}$$

这样，可从式 (4.8) 直接解出 v_f，即得到含有示踪剂浓度的表达式：

$$v_f = \frac{v_D}{\alpha} = \frac{\pi r}{2\alpha} \left\{ \left[\alpha_L \frac{\partial c}{\partial z} - vc \right] \Bigg|_{z=0}^{z=h} - \int_0^h \frac{\partial c}{\partial t} \mathrm{d}z \right\} \bigg/ \int_0^h c \mathrm{d}z \tag{4.10}$$

注意到

$$c = N \cdot c_0 / N_0 \tag{4.11}$$

设 $N = N(z,t)$ 为连续可导函数，代入式 (4.10)，得到以示踪剂计数率表示的计算公式：

$$v_f = \frac{\pi r}{2\alpha} \left\{ \left[\alpha_L \frac{\partial N}{\partial z} - vN \right] \Bigg|_{z=0}^{z=h} - \int_0^h \frac{\partial N}{\partial t} \mathrm{d}z \right\} \bigg/ \int_0^h N \mathrm{d}z \tag{4.12}$$

式 (4.12) 即为考虑弥散作用的示踪稀释水平流速计算新公式。若不考虑弥散作用，可令 $\alpha_L = 0$，式 (4.12) 即改写为

$$v_f = -\frac{\pi r}{2\alpha} \left\{ \left[vN \right] \Big|_{z=0}^{z=h} + \int_0^h \frac{\partial N}{\partial t} \mathrm{d}z \right\} \bigg/ \int_0^h N \mathrm{d}z \tag{4.13}$$

上式与式 (4.3) 实际上是相同的。

4.4.2　新公式的求解

式 (4.12) 右边包含纵向弥散度 α_L、两边界垂向流速 $v|_{z=0}$ 与 $v|_{z=h}$ 共三个未知数。垂向流速可通过后面介绍的峰峰法求得。对于 α_L 的取值，影响因素很复杂，室内外试验结果相差甚远，所以现场试验更为可靠。

前已述及，因孔径很小，孔内水平向浓度可视为均匀的，这样就转化为一维水动力弥散问题的求解。孔中示踪剂浓度 (浓度 c 改用计数率 N 来表示) 受下面方程控制[225]：

$$\frac{\partial N}{\partial t} = \alpha_L v \frac{\partial^2 N}{\partial z^2} - v \frac{\partial N}{\partial z} + \lambda N \tag{4.14}$$

式中，λ 为放射性同位素衰减系数，如在较短的时间内完成测量，上式最后一项可略去不计。现在已知 $N(z,t)$，求 α_L，而 v 可视为未知数，也可按峰峰法求解。因实测中 $N(z,t)$ 是离散点，考虑用稳定性较好的隐式差分代替微分。

$$\frac{N_{i,n+1} - N_{i,n}}{\Delta t} = \alpha_L v \frac{N_{i-1,n+1} - 2N_{i,n+1} + N_{i+1,n+1}}{(\Delta z)^2} - v \frac{N_{i+1,n+1} - N_{i-1,n+1}}{2\Delta z} \tag{4.15}$$

式中，$N_{i,n}$ 为第 i 测点 n 时刻测到的计数率；Δt 为两次测量时间间隔；Δz 为两相邻测点距离，实测中常采取 1m。这样就可得到关于 α_L 和 v 一系列二元二次方程，然后通过优化方法求解即可。

式 (4.12) 右端的 $\int_0^h \frac{\partial N(z,t)}{\partial t} \mathrm{d}z$ 及 $\int_0^h N(z,t)\mathrm{d}z$ 也可用类似方法得到处理。

4.4.3　与传统点稀释公式之间的联系

考虑了垂向流后，式 (4.12) 中的 α 值是否还与式 (4.1) 中的相同呢？对于因垂向流造成的径向流场，考察某一特定的含水层，由于假设为均质等厚各向同性的多孔介质，不存在 α 的取值问题。对于水平流场，由于没有径向流场的存在，与式 (4.1) 假设的条件是一致的，因此，叠加后的流场仍然与仅有水平流场造成的 α 值是一样的。下面讨论式 (4.12) 与传统点稀释公式 (4.1) 之间的联系。

令 $h \to 0$，则 $v|_{z=h} \to v|_{z=0}$，$N|_{z=h} \to N|_{z=0}$，所以，

$$v_f = \lim_{h \to 0} \left\{ \frac{\pi r}{2\alpha} \left\{ \left[\alpha_L \frac{\partial N}{\partial z} - vN \right] \Big|_{z=0}^{z=h} - \int_0^h \frac{\partial N}{\partial t} \mathrm{d}z \right\} \Big/ \int_0^h N \mathrm{d}z \right\}$$

$$= -\frac{\pi r}{2\alpha} \cdot \frac{\partial N(0,t)}{N(0,t)\partial t} = -\frac{\pi r}{2\alpha} \frac{\mathrm{d}N(t)}{N(t)\mathrm{d}t} \tag{4.16}$$

考虑到 v_f 系常数，所以 $\frac{\mathrm{d}N}{N\mathrm{d}t}$ 也为常数，令 $\frac{\mathrm{d}N}{N\mathrm{d}t} = \xi = \mathrm{const}$，变形，积分，可得

$\int_{N_0}^N \frac{\mathrm{d}N}{N} = \int_0^t \xi \mathrm{d}t$，从而求得 $\xi = \frac{1}{t}\ln(N/N_0)$。

代入式 (4.16)，整理，得

$$v_f = \frac{\pi r}{2\alpha t} \ln \frac{N_0}{N} \tag{4.17}$$

上式与式 (4.1) 完全一致，表明后者是前者的一个特例。

4.4.4　垂向流的计算

式(4.12)中 v 还可采用峰峰法进行计算。该方法是用两个相邻时间计数率曲线的峰值对应的孔深长度差除以时间差，就得到该段孔深的垂向流速。峰值位置的确定可以采用计数率曲线的面积积分中心的方法，根据峰值的相对位置判断垂向流是向下还是向上的，具体求解如图 4.6 所示。可以近似将两个峰之间的含水层作为一层，厚度为两峰之间的距离。在层比较薄、含水层性质较接近时，可将一段距离测定到的平均垂向流速近似作为两峰连线中点的垂向流速。因为垂向流速对计算结果有很大的影响，为了提高垂向流速计算的精度，应对其进行修正。将两峰值之间计算出的垂向流速看作其连线中点的流速，然后用多项式来拟合各个中点的值，利用得到的多项式关系来推求峰值深度对应的垂向流速值。

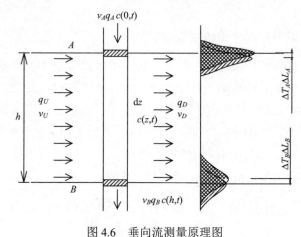

图 4.6　垂向流测量原理图

4.5　涌水含水层水文地质参数的测定

当钻孔揭露多个承压含水层时，由于各含水层的补给源不同，流场的路径、介质与初始条件不同造成各层的静水头也不同。根据混合井流理论，凡是静水头高于混合水位的含水层都出现涌水，而静水头低于混合水位的含水层则表现为吸水，参见图 4.10。因此，在钻孔中会经常出现垂向流现象。钻孔中的水位系各层含水层表现的混合水位，它不代表任何含水层的真实水位。当涌水含水层中的地下水径向流入孔中时，由于示踪剂不能进入涌水含水层，不能直接应用上述公式在孔中进行示踪试验来测定该层的渗透参数。因此在涌水含水层中如何通过示踪稀释来测定其渗透参数，一直是备受相关工程技术人员关注的问题之一。由于放射性同位素具有很多优点，在工程中常被应用。长期以来，人们对放射性同位素认识不足，常与原子弹核武器等联系在一起，存在着恐惧心理，其实具备相关基本知识之后，就可进行有效防护[226]。

4.5.1　放射性同位素示踪剂的选择、防护及示踪仪器

1. 放射性同位素示踪剂的选择

按理化性质可把示踪剂分为：水温、固体颗粒、离子化合物、稳定同位素、放射性同位素、有机染料、气体、碳氧化合物。与其他示踪剂相比，放射性同位素有种种优点，例如，只要极低的、对水力条件不造成干扰的浓度，检测灵敏度就很高；在滤水管内相对大的体积中能均匀混合，单井法测定地下水流向时放射性辐射有助于定向；示踪剂稳定；不改变水的天然流向；便于深井测试等。在示踪剂的选择上，应注意以下几方面：所选的示踪剂的半衰期应稍长于预测的测试工期，但不需要"长寿命"的同位素，以免污染地下水或干扰重复试验，一般测试可在 4～6 个半衰期内进行。在"短寿命"的示踪剂内，^{82}Br 具有卓越的性质，半衰期 35.4h，灵敏度较高。^{94}Au 一般作为标记颗粒介质的示踪剂被选入水文地质研究内容，半衰期 2.7d，在地下水研究中需要考虑其吸附问题。^{131}I 半衰期 8.05d，适合于 2 个月的现场研究。^{131}I、^{82}Br 常以 Na^{131}I、Na^{82}Br 溶液的形式保存，而前者还用于临床口服。

2. 放射性同位素示踪剂的防护

放射性同位素产生的射线主要有 α、β、γ。α 射线的外照危害很小，一张纸就可阻挡其穿透，但内照危害很大。β 射线可构成外部危害，少量的 β 射线即可穿透皮肤角质层而损伤活组织，但体内危害相对较小。γ 射线主要危害是外照射。机体所受的射线辐射过量就会对其产生不利影响。

在测流过程中，采用放射性同位素(如 ^{131}I)的操作步骤一般为：①装测量元件；②取源；③运源；④开瓶、分装、配制；⑤吸入注射器；⑥装入投源器；⑦投源；⑧测量；⑨取出测量元件等。其中，①⑧⑨没有直接接触同位素，②③⑦有外照射问题，④⑤⑥有内外照射问题。因此，适当防护是必要的。

外照辐射主要采用屏蔽(如包装瓶、防护服等)、距离(如采用长柄工具或机械手等)、时间(减少操作时间或在有放射性场所的滞留时间)三种防护办法。

以 ^{131}I 为例，衰变时放射出 γ、β 两种射线。当无屏蔽时，点源产生的 γ 射线外照射量 X_γ 可由下式计算：

$$X_\gamma = f \frac{kt}{r^2} A_0 e^{-0.693t/T_{1/2}} \tag{4.18}$$

产生的 β 射线外照量 X_β 按正式计算：

$$X_\beta = \frac{0.3t}{r^2} A_0 e^{-0.693t/T_{1/2}} \tag{4.19}$$

式中，X_γ、X_β 分别为 γ、β 两种射线照射量(Sv)；r 为点源距计算点的距离(m)；A_0 为 $t=0$ 时刻的活度(Bq)；t 为照射时间(h)；k 为系数，如 $k(^{131}I)=0.06\times10^{-10}$ (R·m^2/ (Bq·h))；f 为系数，9.566×10^{-10} (Sv/R)；$T_{1/2}$ 为核素的半衰期。

由以上两式可见，操作熟练、迅速，距源越远，受照剂量就越小。表 4.1 给出了以 3.7×10^{-10}Bq(即 1mCi) ^{131}I 为例，测试各过程所受 γ 外照射剂量当量。在一个总量 50mCi^{131}I 的场所工作一个星期，所受总剂量当量为 75μSv，远低于国标[227] 限制随机性效应和防止非随机性效应眼晶体的周剂量控制限值(按年有效剂量当量限值折算周剂量分别为 961μSv 和 2885μSv)，因此 ^{131}I 外照射是安全的。

表 4.1　放射性同位素 ^{131}I 测井过程所受 γ 外照射剂量当量

剂量当量	步骤②	步骤③	步骤④	步骤⑤	步骤⑥	步骤⑦
X_γ/μSv	0.19	0.14	42	0.19	0.14	0

内照辐射防护措施主要有包容、隔离、通风，以防止放射性物质对人体或器具物品的污染。对于野外作业，最突出的问题就是防止污染与及时去污。普通肥皂水与清水洗涤，对一般器具的去污率达到 80%，对手的去污率可达 100%。

总之，在放射性同位素测井中，只要严格遵守各项规则，对人体是不会产生危害的，对周围环境的危害也是微乎其微的。

3. 智能型同位素示踪仪器

智能型同位素示踪仪器是陈建生主持研制的新一代同位素流速流向示踪仪，它与德国 Drost[174,175] 主持研制的地下水流速流向仪相比，具有更强的实用性，可以测定的渗透流速上限更高，提高了近一个数量级，探头更加小巧(直径最小达 30mm)，可以由一人携带操作，基本上所有观测孔都可以用其来探测。

该仪器探头构造如图 4.7 所示，由放射性投源器、探测器、搅拌器、止水塞、定位器、压力平衡管、带导气管的电缆等构成，可进行连续投源测量，并与笔记本电脑直接控制，在现场就可以对采集到的数据进行处理。

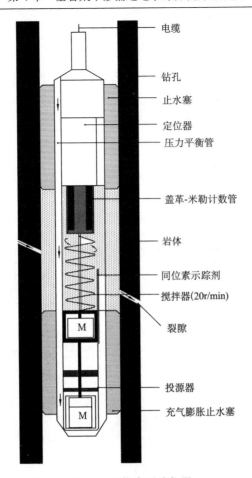

电缆

钻孔

止水塞

定位器

压力平衡管

盖革-米勒计数管

岩体

同位素示踪剂

搅拌器(20r/min)

裂隙

投源器

充气膨胀止水塞

图 4.7　同位素示踪仪器

4.5.2　含水层涌水性质的分类及参数测试手段

含水层是具有吸水还是涌水性质，可通过其上下边界的垂向流速大小及方向来判断(图 4.8)。垂向流速大小及方向可通过投入的全孔示踪剂及点投示踪剂浓度变化曲线来判定。设 A、B 分别为该含水层的下、上边界，v_A、v_B 分别为其流速，设 A 和 B 点探测器所探测到示踪剂浓度的总量分别记作 $\overline{N}_A = \int_0^\infty N(t)\mathrm{d}t$ 和 $\overline{N}_B = \int_0^\infty N(t)\mathrm{d}t$。根据垂向流速可分为如下几种情况：

(1)当 v_A、v_B 方向均指向该含水层时，含水层显然具有吸水性质。

(2)当 v_A、v_B 方向均背离该含水层时，其显然具有涌水性质。

(3)当 v_A、v_B 同向，从 A 流向 B，且 $v_A > v_B$ 时，其具吸水性质。

(4) 当 v_A、v_B 同向，从 A 流向 B，且 $v_A < v_B$ 时，其具涌水性质。

(5) 当 v_A、v_B 同向，从 B 流向 A，且 $v_A < v_B$ 时，其具吸水性质。

(6) 当 v_A、v_B 同向，从 B 流向 A，且 $v_A > v_B$ 时，其具涌水性质。

(7) 当 v_A、v_B 同向，且 $v_A = v_B$ 时，含水层具有透水性或相对隔水性。①若 $\overline{N}_A = \overline{N}_B$，属不透水层；②若 $\overline{N}_A \neq \overline{N}_B$，属透水层。

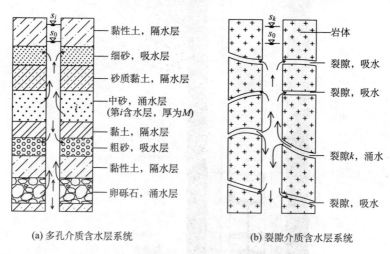

(a) 多孔介质含水层系统　　　　　　　　(b) 裂隙介质含水层系统

图 4.8　多含水层系统中的吸水和涌水现象示意图

对于 (1)、(3)、(5)、(7) 四种情况，理论上均可用作者推导的基于示踪剂质量守恒、考虑孔中示踪剂弥散作用的稀释公式 (4.12) 来计算该含水层的渗透流速。

对于存在涌水性质的 (2)、(4)、(6) 三种情况，又分为两类：一类是该涌水含水层上游的流量 q_U 通过钻孔只有一部分流入了自身下游的含水层中，另一部分流入孔中成为垂向流，此时可用稀释公式 (4.12) 来计算，然后计算出含水层上游的流速 v_U，再经钻孔附近流场畸变系数 α 进行校正即可得到该含水层的真实地下水流速 v_f。这里称之为第一类涌水含水层（图 4.8(a)）。另一类是，该含水层在钻孔上下游的地下水均流入钻孔，即呈辐射状流入孔中（称之为第二类涌水含水层（图 4.8(b)），此时用稀释公式 (4.12) 计算出的流速与实际地下水的渗透流速 v_f 完全不同，即不能通过该方法计算涌水含水层的地下水流速。对于这两类涌水含水层的判断，只要比较一下 A、B 点探测到的计数率和就很容易判断，显然，当 $\overline{N}_A = \overline{N}_B$ 时，属于第二类。

诚然，含水层的渗透系数 K 可以通过抽水或注水试验来测定，但抽水试验需要在该含水层上下边界进行有效止水，且试验耗时长，费用高，一般情况下难以实现，同时破坏了天然流场，不能观测到各含水层中地下水的真实运动情况。而注水试验设备简单，现场较为容易实施，人工附加水头不大，但有效的分层止水仍然很困难或费用很高，或可进行全孔段混合注水试验，但只能得到全孔段的平均渗透系数 K，显然不能满足工程要求。

陈建生等[210]提出了多含水层稳定流非干扰混合多孔井流理论，采用双井模型，根据裘布衣承压含水层井流公式、Darcy 定律来计算含水层的渗透系数 K，但引出了两孔间的该含水层地下水流速 v_f 这一参数。该文献提出 v_f 的计算方法为通过两孔间第 i 层的连通试验来确定，这对于吸水含水层来说，可以近似得到，但对于前所述及的涌水含水层，由于示踪剂不能进入涌水含水层，显然用此模型不能求得第 i 层的渗透系数。陈建生和董海洲[207]提出稀释法测定渗透流速的适用条件指出：由于存在径向流入孔中的水流，孔中示踪剂不能进入涌水含水层，即在水平方向得不到稀释，也就不能采用稀释定理来计算。陈建生等[211]详细讨论了涌水含水层的各种情况，分别就涌水含水层位于钻孔揭露的顶部、底部、中间部位三种位置进行了探讨，提出用向孔中注水的方法来消除涌水含水层向孔中涌水的影响。该方法概念清晰，但受诸多条件限制，如：①注水量 $Q_i \geqslant Q_{hi}$（Q_{hi} 为涌水含水层流入钻孔的流量）；②$\overline{N_A} \gg \overline{N_B}$；③测量探头 B 点位置还要满足 $(v_A - v_B)t < h$（式 (4.2) 推导过程中采用泰勒级数展开要求的条件），因此存在诸多不确定因素，实际上只能近似地达到所要求的条件，从而对求解精度造成一定的影响。

为求得涌水含水层渗透系数，作者试图采用注水试验与示踪测试相结合的方法，只需一个孔，集注水试验的现场操作易行性及示踪测量的方便与准确性等优势于一体，不需考虑涌水含水层在钻孔中相对所处的位置，也不需分层止水，巧妙地解决了测定涌水含水层渗透系数 K 的问题。该方法还可推广到吸水含水层。

4.5.3　涌水含水层渗透系数 K 的测定方法

1. 考虑具有天然水力坡度的涌水含水层涌水量的计算

假设钻孔揭露 m 个承压含水层，每个含水层均质等厚各向同性，考察其中的涌水含水层 $i(i \leqslant m)$，其厚度为 M_i，渗透系数为 K_i。该含水层天然地下水力坡度为 J_i，对于钻孔揭露的任一涌水含水层都可以将它等效为单一含水层中的抽水情况，参见图 4.9。等效后的孔水位为第 i 层的静水头 s_i，抽水量等于涌水量，可以通过示踪方法测得。"抽水"期间稳定的降水位为 s_0。与单一含水层抽水试验所不同的是，s_i 是未知数，且考虑天然地下水力坡度的影响。

下面来计算涌水量。当进行"抽水"时，钻孔附近的地下水位 H_i 可由天然水位与因"抽水"造成的水位叠加而得

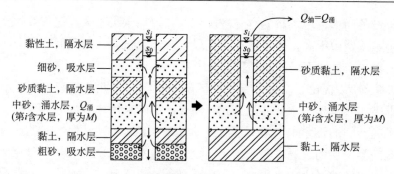

图 4.9　涌水含水层等效为单一含水层抽水试验示意图

$$H_i = (H_{0i} - s_i) + H_{1i} \tag{4.20}$$

式中，H_{0i} 为第 i 层天然地下水位（与平面位置有关）；s_i 为第 i 层涌水含水层在钻孔位置处的地下水位；H_{1i} 为对第 i 层"抽水"时的地下水位，由以下方程组给出（以孔为坐标原点，建立柱坐标，r 为自变量，距钻孔径向距离）[228]：

$$\begin{cases} \dfrac{1}{r}\dfrac{\mathrm{d}}{\mathrm{d}r}\left[r\dfrac{\mathrm{d}\left(KMH_{1i}\right)}{\mathrm{d}r} \right] = 0 \\ r = R, \quad H_{1i} = H_{0i} \\ r = r_{\mathrm{w}}, \quad H_{1i} = s_0 \end{cases} \tag{4.21}$$

式中，s_0 为孔中混合水位；r_{w} 为孔径。

从而可解出具有天然坡度 J_i 的第 i 层涌水含水层在"抽水"条件下的任一点 (x,y) 水位 H_i：

$$H_i = -J_i x + \frac{Q_i}{2\pi M_i K_i}\ln\frac{\sqrt{x^2 + y^2}}{r_{\mathrm{w}}} + s_0 \tag{4.22}$$

式中，x, y 为以直角坐标系表示的平面上某一点的坐标，天然地下水流向为 x 正方向；Q_i 为"抽水量"，即该含水层涌向孔中的流量。

为求得孔中第 i 层的"抽水量"，令 $x \to R_i, y = 0$，则 $H_i \to (s_i - J_i R_i)$，化简，得

$$Q_i = 2\pi M_i K_i(s_i - s_0) / \ln\frac{R_i}{r} \tag{4.23}$$

上式表明涌水含水层在具有天然水力坡度条件下，其"抽水量"仍可用相关井流公式计算。

2. 涌水含水层渗透系数的求取

在第 i 层靠近隔水层的上下边界上，设通过示踪法测到边界上的垂向流速分

别为 v_{iA}、v_{iB}，它们可通过前述的峰峰法来计算。

求出垂向流后，就可以确定井中第 i 层的涌水量为

$$Q_i = \pi r^2 |v_{iA} - v_{iB}|\tag{4.24}$$

式中，v_{iA}、v_{iB} 为注水试验前孔中天然流场造成的垂向流速，为矢量，当同向时取同号，异向时取异号。

式(4.23)中还含有两个未知数 s_i、K_i，还需另找一个含有此两个未知数的方程。前已述及，由于注水试验简便易行，考虑向孔内注水，当注水时间较长时，可近似认为满足稳定流条件。设注水后的孔内混合水位为 s_0'，同样可得一个方程：

$$s_i - s_0' = \frac{Q_i'}{2\pi M_i K_i} \ln \frac{R_i}{r}\tag{4.25}$$

式中，

$$Q' = \pi r^2 |v_{iA}' - v_{iB}'|$$

Q_i' 为注水试验过程中孔中人工流场造成的流量；v_{iA}'、v_{iB}' 为注水试验过程中孔中人工流场造成的垂向流速(矢量)。联立式(4.23)、式(4.25)可解得

$$\begin{cases} K_i = \dfrac{Q_i' - Q_i}{2\pi M_i (s_0' - s_0)} \ln \dfrac{R_i}{r} \\ s_i = s_0 + \dfrac{Q_i}{Q_i' - Q_i}(s_0' - s_0) \end{cases}\tag{4.26}$$

考虑 R_i 系承压水的影响半径，可近似选用 Sihardt 公式进行迭代计算：

$$R_i = 10|s_0 - s_i|\sqrt{K_i}\tag{4.27}$$

注意，上式中的 K_i 单位为 m/d，R_i、s_0、s_i 的单位为 m。

为了提高计算精度，可进行多次注水试验，每次的注水量各不相同，产生的水头也不相同。现场操作时，可采用流量由小到大的顺序，但同一注水试验产生的水头应维持较长一段时间，以使地下水达到近似稳定状态。这样，便得到多组关于 s_i、K_i、R_i 的数据，进行优化分析，最后提出一组较为可靠的数据。

如果在地下水流向上布置 2 口井，井距 $D > 2R_i$，即为多含水层稳定流非干扰混合双井模型。根据第 i 层静止水位差 Δs_i 及 Darcy 定律，按下式计算其渗透流速：

$$v_{fi} = \Delta s_i K_i / D\tag{4.28}$$

实际上，式(4.26)对于吸水含水层同样可用。该方法的实质就是测量示踪剂随时间的浓度变化来计算含水层垂向流速(包括大小及方向)、流量，然后根据向孔内注水产生不同的水头而得到另一种状态下的该含水层的垂向流速，进而可求

出含水层的渗透系数。

如果因为条件不许可而导致第 i 层含水层达不到稳定渗流状态，可考虑采用非稳定流井流理论雅可比近似公式来计算。

$$\begin{cases} s_i - s_0(t_1) = \dfrac{0.183Q_i(t_1)}{M_i K_i} \lg \dfrac{2.25 M_i K_i t_1}{rS_i} \\[2mm] s_i - s_0(t_2) = \dfrac{0.183Q_i(t_2)}{M_i K_i} \lg \dfrac{2.25 M_i K_i t_2}{rS_i} \\[2mm] s_i - s_0(t_3) = \dfrac{0.183Q_i(t_3)}{M_i K_i} \lg \dfrac{2.25 M_i K_i t_3}{rS_i} \\[2mm] Q(t_1) = \pi r^2 \left| v_{iA}(t_1) - v_{iB}(t_1) \right| \\[2mm] Q(t_2) = \pi r^2 \left| v_{iA}(t_2) - v_{iB}(t_2) \right| \\[2mm] Q(t_3) = \pi r^2 \left| v_{iA}(t_3) - v_{iB}(t_3) \right| \end{cases} \qquad (4.29)$$

式中，$s_0(t_j)$ 为注水试验过程中孔中混合水位（j=1,2,3）；$Q_i(t_j)$ 为第 i 层含水层的上下底板流量；t_j 为每次注水试验持续的时间；S_i 为储水系数。式(4.29)共有 6 个未知数：s_i、K_i、$Q(t_j)$（j=1,2,3）、S_i，6 个方程，刚好可全部解出。

4.5.4　误差分析

从式(4.26)的推导过程可知，最大的误差来源于垂向流的测量，它直接影响含水层上下边界的垂直方向上的流量。其次来源于含水层的厚度，这可结合地质钻孔资料及示踪剂浓度变化曲线来减少误差。另一来源为含水层的影响半径，这里是以经验公式给出，但由于其用对数的形式出现，对数值计算结果影响较小。还有一个因素为孔中水位测量，对于注水前孔中混合水位的测量误差较小，但在注水试验过程中，如果注水量的稳定时间不足够长，不能形成近似的稳定渗流，但由此带来的误差可以通过延长时间来减小。对于非稳定流，式(4.29)的主要误差来源与式(4.26)一样。

当前，利用示踪剂稀释技术探测地下水参数的方法已得到了较为广泛的应用，对于含水层水平流速的计算，从要求孔中无垂向流的影响，发展到只要含水层地下水不是径向涌入钻孔即可，后来又考虑了示踪剂的弥散作用，其测试技术在实践中得到了不断的完善。书中根据示踪剂浓度及垂向流速变化对含水层涌吸水性质进行了分类，讨论了稀释定理的适用性。对于不能直接应用稀释定理的涌水含水层，提出了其地质参数的求取方法(也可推广到吸水含水层)，即采用注水试验与垂向流测量相结合的方法，并给出了在稳定流、非稳定流状态下渗透系数的计算公式，最后对误差来源进行了分析。该方法思路简明，可操作性强，拓宽了示踪技术的应用范围。

4.6　工　程　实　例

4.6.1　考虑弥散作用的地下水水平流速探测

实例采用前文中某钻孔示踪剂探测资料[155,208,211]。该孔位于广东省北江大堤石角段，虽经过多次加固，但堤内险情时有发生。地层分布自上而下分别为人工填土、冲积黏性土、粉细砂、中粗砂、卵砾石、红层基岩等。堤内观测孔中地下水与江水同步性非常好，不同地层之间存在密切的水力联系。图4.10绘出了BB1孔示踪剂浓度实测曲线，表明孔中垂向流很明显。

将相邻峰值之间的含水层作为一层，该稀释孔段分为5层，各层计算出来的垂向流速进行拟合，代入式(4.15)计算出 α_{L1} 的均值为 1.01m，仅用式(4.14)计算出来的 $\alpha_{L2} = 0.64$ m。采用峰峰法及式(4.15)计算的流速均值分别为 0.24m/min、0.26m/min，二者较为一致。这里取 $\alpha_{L1} = 1.0$ m，垂向流速采用峰峰法计算结果。分别采用式(4.1)～式(4.3)、式(4.12)计算各层的水平渗透流速，计算结果参见表 4.2 及图 4.11。

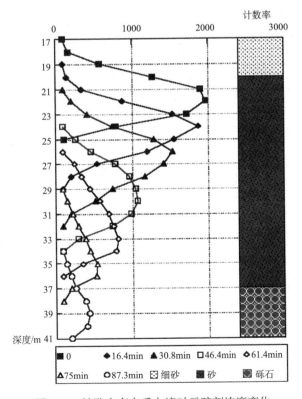

图 4.10　钻孔中存在垂向流时示踪剂浓度变化

分析表 4.2 及图 4.11 有如下特点：

表 4.2　试验孔示踪探测结果(孔半径 $r=0.035$m，$\alpha=2$)

"含水层"	1	2	3	4	5
浓度峰值对应井深/m	23.66	26.96	28.80	31.20	33.80
两峰值中点对应井深/m	25.31	27.88	30.00	32.50	35.85
各层含水层厚度/m	2.02	3.30	1.84	2.40	2.60
两峰值时间间隔/min	16.40	14.40	15.60	15.00	13.60
垂向流速/(m/d)(向下)	330.00	169.85	230.40	275.29	480.00
修正后垂向流速/(m/d)(向下)	287.79	288.63	314.98	377.19	480.15
扣除本底后的总计数率 N	8439	8395	6794	5199	2966
v_f(m/d)−式(4.1)	0.04	0.01	0.54	0.71	1.63
v_f(m/d)−式(4.2)	0.05	0.02	0.54	0.65	1.41
v_f(m/d)−式(4.3)*	0.94	1.46	1.32	1.91	4.58
v_f(m/d)−式(4.12)*	0.79	0.46	0.76	0.56	0.53
式(4.12)比式(4.3)减少的百分比/%	19	68	74	71	88

*为便于比较，表中最后两行的数据分别是由式(4.3)、式(4.12)计算出的众多流速数据中在相应的深度处内插而得。

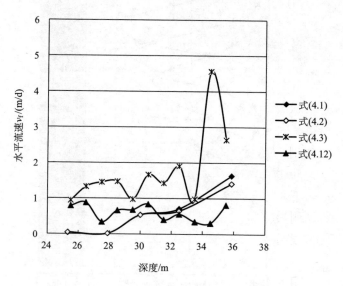

图 4.11　各公式计算结果比较

　　(1) 表 4.2 中垂向流修正前后流速数值有些相差较大。这是因为，表 4.2 中的垂向流为各"含水层"中点的流速，修正后的流速是各"含水层"上下边界 A、B 两点的流速，二者的意义是不同的。但后者是依靠前者数据的拟合曲线计算的，因此存在差异。并且，当两相邻的"含水层"平均垂向流速相差越大，采用前述方法计算的 A、B 两点的流速值也与 AB 段的平均值相差越大。减小此误差的方法有，缩小两次测量的时间间隔，但现场操作中其值不可能无限小，因此总会存在一定的误差。对于两相邻"含水层"垂向流数值相差较大者，可以在拟合时考虑分段拟合或插值，以减小此误差。

　　(2) 孔中存在较强的向下的垂向流，修正后流速值达 0.20～0.50m/min，数值上远大于各公式计算的含水层的水平流速(0.01～4.58m/d)。

　　(3) 式(4.1)与式(4.2)的计算结果比较接近，但同一含水层的水平流速最大值与最小值之比分别达到 163、70.5，计算结果沿深度变化很大。这是因为式(4.1)是在没考虑垂向流的情况下推导出来的，其计算结果自然不能反映垂向流的影响。式(4.2)在建模及推导过程中存在不足之处，其计算结果与式(4.1)的结果很接近，也不能反映实际情况。而式(4.3)与式(4.12)相应之比分别为 4.9、1.7，体现了同一含水层水平流速总体上的均匀性。地质资料表明，该含水层系堤基冲积中粗砂层，含水层性质较为均匀。因此，式(4.3)与式(4.12)更能体现含水层的性质，且得到的水平流速数据信息远较其余两个的丰富，更能真实反映含水层水平流速随深度的变化情况。

　　(4) 式(4.3)与式(4.12)的区别仅在于后者考虑了孔中示踪剂弥散作用的影响。由于考虑了示踪剂在孔中的弥散作用，式(4.12)水平流速值较式(4.3)值减小了 19%～88%。地质资料表明，该含水层系堤基冲积中粗砂层，含水层性质较为均匀。因此，考虑弥散作用的式(4.12)较为真实地反映了含水层水平流速随深度的变化情况，体现了同一含水层的相对均一性质及局部的差异性。以上表明，当存在较强的垂向流时，弥散作用对水平流速计算结果影响很大，不能忽略。式(4.12)考虑的影响因素较为全面，物理模型概念清晰，数学公式推导严密，采用相同原始数据前提下，计算结果更为可靠。

　　采用示踪方法测量地下水渗透流速，传统的点稀释公式受到垂向流等条件的干扰，其应用受到限制。后来发展的广义稀释定理经过多次修正，日趋成熟，但仍然存在不足之处。在前人工作的基础上，重新建立了物理概念清晰的模型，考虑了示踪剂弥散作用的影响，严密推导了 v_f 计算公式。在数据处理结果上，能得到更为丰富的含水层水平流速变化信息，并与实际的地质情况相一致。本书继承并发展了前人的广义稀释定理，揭示了修正后的广义稀释定理计算公式与传统点稀释法测流公式之间的逻辑联系，并在工程实例中得到验证。然而，文中略去了孔中示踪剂水平向弥散及竖直向的横向弥散等的影响，一定程度上影响计算结果精度。

4.6.2　涌水含水层渗透系数的测定

南京市某地铁站长 250.0m，宽 22.0m，地面高程 12.0m 左右，开挖深度 15.0m，采用地下连续墙防渗、支护。平行车站轴线方向的连续墙（东西两侧）插入土层 27.0m，车站南北两端插入地下 30.0m。当时施工作业已达高程 0.0 左右，预计需达到–3.0m，局部达到–6.0m 以下。施工单位实施降水 800m³/d，车站附近地面沉降速率较大，不易控制；后来采用 500m³/d 的方案，仅能维持当前作业面无积水。在施工过程中，发生管涌现象。经调查，主要问题是施工降水与底面沉降控制之间的矛盾，其主要原因是场地地质条件复杂，对地下水流场分布不清楚，设计上存在不足。为此进行了同位素示踪试验，其目的是查清地下水的渗透性和流向分布，为后期施工提供科学依据。

示踪探测表明，T6#孔近底部为强透水层②，采用井点降水抽取其上层的强透水层①中的水，导致强透水层②表现为涌水性质，强透水层①表现为吸水性质（图 4.12）。由于孔中存在较强的向上的垂向流，示踪剂不能进入强透水层②，因此不能对该含水层进行示踪试验。为此，在孔口注水，用产生的附加水压力把强透水层②由涌水层变为吸水层，利用前述理论求出该层的渗透系数 K。图 4.13 给出了注水后在 T6#孔上部投源后的测量结果，从中可知，由于注水水压的作用，产生向下的垂向流，示踪剂进入了强透水层②，根据前述公式可方便地求出含水层②的水文地质参数 $K=3.8\times10^{-3}$cm/s。

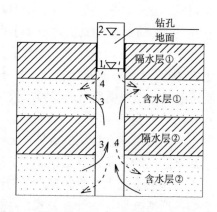

图 4.12　注水前后 T6#孔中垂向流变化示意图

1. 注水前水位；2. 注水后水位；3. 注水前流向；4. 注水后流向

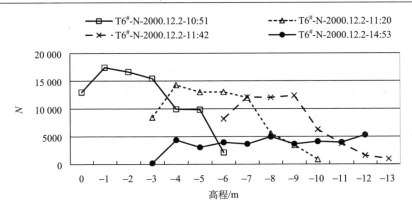

图 4.13　注水后 T6#孔示踪测量结果

第5章 基岩集中渗漏通道的数值模拟

前面的第2章论述了堤坝基岩软弱结构面形成集中渗漏通道的机制，第3章模拟了软弱结构面在一定的自然条件下，可形成集中渗漏通道，第4章论述了集中渗漏通道的探测方法。本章主要提出基岩集中渗漏通道模型，数值模拟基岩集中渗漏通道的形成过程，及此期间堤内流场的变化。讨论在基岩集中渗漏通道形成之后，对堤内渗透变形的影响。

5.1 模型的建立

通过前面的第2~3章的分析论证可知，当堤坝基岩存在软弱结构(断层、裂隙密集带等)时，在地下水的长期作用下，易发育集中渗漏通道。基岩集中渗漏通道表现形式有如图5.1所示几种。

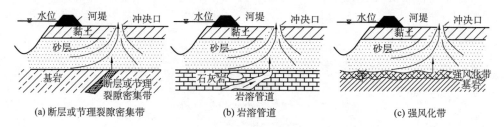

图 5.1 基岩集中渗漏通道常见的几种表现形式

5.1.1 基本假设

(1)地下水是连续介质。

(2)第四系松散层上部入渗量可忽略不计。

(3)第四系松散层的水在水头下降的瞬时释放出来。

5.1.2 模型的建立——集中渗漏模型

对于堤防而言，松散层堤基地层常为二元结构，即上层为黏性土，下伏强透水砂砾层。由于存在软弱构造形成的集中渗漏通道，不能把基岩视为相对隔水层，而应根据断层、节理分布以及充填物性质等实际情况来讨论。

在地质构造控制作用下，经地下水的浸泡、物理冲刷及化学侵蚀，沿构造带等软弱结构面逐渐发展成集中渗漏通道(图 5.2)。当集中渗漏通道形成后，或在其形成过程中，对堤内管涌的产生及发展起着一定的促进作用。可通过建立如下数学模型——等效平板裂隙模型来模拟(图 5.3(a))，然后再进一步化简为更为规则的平板裂隙(图 5.3(b))。以水力光滑的等效平板裂隙模拟基岩中沿断裂带等软弱结构发育的集中渗漏通道，等效平板裂隙之外的基岩视为相对不透水层，即将基岩中裂隙、断裂、溶洞等效为平板裂隙，而其余部分则视为较完整基岩，平板裂隙两端与上覆松散层相连，在二者交界附近，存在一个过渡区域。现将计算断面根据渗透系数的大小分为三个区 S_1、S_2、S_3。

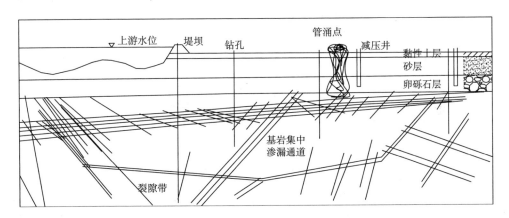

图 5.2　基岩发育集中渗漏通道

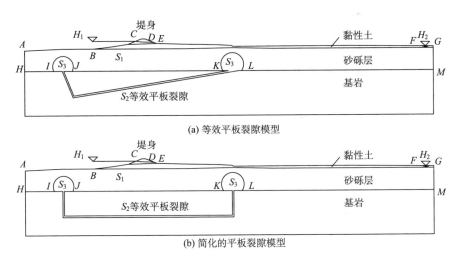

(a) 等效平板裂隙模型

(b) 简化的平板裂隙模型

图 5.3　基岩集中渗漏通道模型

　　上覆第四系松散层(该区域记为 S_1，黏性土与砂砾层)视为多孔介质，显然其中地下水属 Darcy 流，服从 Darcy 定律。

　　等效平板裂隙(S_2)地下水渗透系数较大，其中地下水流态可为紊流或混合流，也可为层流。对于大规模的溶洞，其中地下水的流态有层流也有紊流。对于紊流状态的水流，Louis 及 Wittke 等经过大量的试验和计算研究后指出[229]，在裂隙中会遇到紊流，但实际上可不考虑这种紊流状态而仍按层流问题处理。这样，使计算显著简化，而带来的却只是一个可以忽略的误差。在裂隙介质中的紊流仅改变了流量值，对于压力分布没有明显的影响。这就是说，当水力坡降较小、水流服从 Darcy 定律时的压力分布，与水力坡降较大、水流服从非线性定律时的压力分布几乎是相同的。因此，可方便地按水流服从 Darcy 定律的情况，来求出整个渗流场的压力分布。又因为集中渗漏通道两端与松散层 S_1 相连，相当于存在一个滤层，从而限制地下水的流速，因此可认为区域 S_2 内地下水仍属 Darcy 流，满足立方定律。

　　在裂隙与上覆松散层交界附近的过渡区域 S_3，由于在地下水长期作用下，区域 S_3 下方存在集中渗漏通道 S_2，S_3 中的较细颗粒慢慢流失，渗透系数逐渐变大，因此可认为较 S_1 大，但较 S_2 小。在不同区域交界处，满足流量相等条件。为方便求解，下面首先推导具有统一水头的微分方程。

5.1.3　控制方程的建立——连续性方程与 Navier-Stokes 方程

　　由于地下水是连续的，其在多孔介质(如砂砾层、黏土层等)及等效平板裂隙中的流动必然满足质量守恒与动量守恒，可用连续性方程及运动方程来描述[230]。

　　1. 连续性方程

　　在流场的任意点 A 取一微元六面体(图 5.4)，设其在笛卡儿坐标系 x, y, z 方向的边长分别为 $\mathrm{d}x, \mathrm{d}y, \mathrm{d}z$，其 6 个面两两相互平行且分别垂直于 x, y, z 方向。流体在 A 点的速度为 $v(x, y, z, t)$，在 x, y, z 方向的分量分别为 v_x, v_y, v_z，密度为 $\rho(x, y, z, t)$。输入微元体的质量通量为

$$\rho v_x \mathrm{d}y\mathrm{d}z + \rho v_y \mathrm{d}x\mathrm{d}z + \rho v_z \mathrm{d}x\mathrm{d}y$$

　　当流体从与 A 点不相邻的、分别垂直于 x, y, z 方向的三个微元面上流出时，分别经过 $\mathrm{d}x, \mathrm{d}y, \mathrm{d}z$ 的距离后，其输出时的质量通量将发生变化，为

$$\left(\rho v_x + \frac{\partial \rho v_x}{\partial x}\mathrm{d}x\right)\mathrm{d}y\mathrm{d}z + \left(\rho v_y + \frac{\partial \rho v_y}{\partial y}\mathrm{d}y\right)\mathrm{d}x\mathrm{d}z + \left(\rho v_z + \frac{\partial \rho v_z}{\partial z}\mathrm{d}z\right)\mathrm{d}x\mathrm{d}y$$

　　流出流入微元体的质量通量变化量为以上两式之差：

$$\left(\frac{\partial(\rho v_x)}{\partial x}+\frac{\partial(\rho v_y)}{\partial y}+\frac{\partial(\rho v_z)}{\partial z}\right)\mathrm{d}x\mathrm{d}y\mathrm{d}z$$

同时，微元体的质量变化率为 $\dfrac{\partial \rho}{\partial t}\mathrm{d}x\mathrm{d}y\mathrm{d}z$。

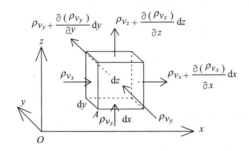

图 5.4　微元体各面上进出流量示意图

因为已假设地下水是连续的，由质量守恒，以上两式相等，化简，得

$$\frac{\partial(\rho v_x)}{\partial x}+\frac{\partial(\rho v_y)}{\partial y}+\frac{\partial(\rho v_z)}{\partial z}+\frac{\partial \rho}{\partial t}=0 \tag{5.1}$$

或写成向量式：

$$\nabla\bullet(\rho v)+\frac{\partial \rho}{\partial t}=0 \tag{5.2}$$

即为连续性方程，它适用于地下水的层流、湍流、牛顿体和非牛顿体。

若假设地下水是不可压缩的，则 $\rho=\mathrm{const}$，上式方程可简化为

$$\frac{\partial v_x}{\partial x}+\frac{\partial v_y}{\partial y}+\frac{\partial v_z}{\partial z}=0 \tag{5.3}$$

或

$$\nabla\bullet v=0 \tag{5.4}$$

2. 运动方程

同样考察微元体 $\mathrm{d}x\mathrm{d}y\mathrm{d}z$（图 5.5），作用于微元体上的力有体积力 f（沿 x,y,z 方向分量分别为 f_x,f_y,f_z）；表面力——正应力 σ 与切应力 τ（在邻近 A 点并分别垂直于 x,y,z 方向的三个微元面上，正、切应力分别为：$\sigma_{xx},\tau_{xy},\tau_{xz}$，$\sigma_{yy},\tau_{yx},\tau_{yz}$，$\sigma_{zz},\tau_{zx},\tau_{zy}$）。

微元体 x,y,z 方向的质量力分别为 $f_x\rho\mathrm{d}x\mathrm{d}y\mathrm{d}z, f_y\rho\mathrm{d}x\mathrm{d}y\mathrm{d}z, f_z\rho\mathrm{d}x\mathrm{d}y\mathrm{d}z$。根据切

应力互等定理，微元体 x, y, z 方向的表面力分别为 $\left(\dfrac{\partial \sigma_{xx}}{\partial x} + \dfrac{\partial \tau_{yx}}{\partial y} + \dfrac{\partial \tau_{zx}}{\partial z} \right) \mathrm{d}x\mathrm{d}y\mathrm{d}z$ ，

$\left(\dfrac{\partial \tau_{xy}}{\partial x} + \dfrac{\partial \sigma_{yy}}{\partial y} + \dfrac{\partial \tau_{zy}}{\partial z} \right) \mathrm{d}x\mathrm{d}y\mathrm{d}z$ ， $\left(\dfrac{\partial \tau_{xz}}{\partial x} + \dfrac{\partial \tau_{yz}}{\partial y} + \dfrac{\partial \sigma_{zz}}{\partial z} \right) \mathrm{d}x\mathrm{d}y\mathrm{d}z$ 。

微元体上 x 方向动量的输入流量为

$$\rho v_x^2 \mathrm{d}y\mathrm{d}z + \rho v_y^2 \mathrm{d}x\mathrm{d}z + \rho v_z^2 \mathrm{d}x\mathrm{d}y$$

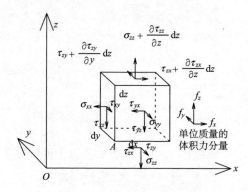

图 5.5　微元体上的表面力与体积力

x 方向动量的输出流量为

$$\left(\rho v_x^2 + \frac{\partial \rho v_x^2}{\partial x}\mathrm{d}x \right)\mathrm{d}y\mathrm{d}z + \left(\rho v_y^2 + \frac{\partial \rho v_y^2}{\partial y}\mathrm{d}y \right)\mathrm{d}x\mathrm{d}z + \left(\rho v_z^2 + \frac{\partial \rho v_z^2}{\partial z}\mathrm{d}z \right)\mathrm{d}x\mathrm{d}y$$

于是，x 方向动量的输出与输入流量差为

$$\left(\rho v_x^2 + \frac{\partial \rho v_x^2}{\partial x}\mathrm{d}x \right)\mathrm{d}y\mathrm{d}z + \left(\rho v_y^2 + \frac{\partial \rho v_y^2}{\partial y}\mathrm{d}y \right)\mathrm{d}x\mathrm{d}z + \left(\rho v_z^2 + \frac{\partial \rho v_z^2}{\partial z}\mathrm{d}z \right)\mathrm{d}x\mathrm{d}y$$

$$- \left(\rho v_x^2 \mathrm{d}y\mathrm{d}z + \rho v_y^2 \mathrm{d}x\mathrm{d}z + \rho v_z^2 \mathrm{d}x\mathrm{d}y \right)$$

$$= \left(\frac{\partial \left(\rho v_x^2 \right)}{\partial x} + \frac{\partial \left(\rho v_y^2 \right)}{\partial x} + \frac{\partial \left(\rho v_z^2 \right)}{\partial z} \right)\mathrm{d}x\mathrm{d}y\mathrm{d}z$$

微元体的瞬时质量为 $\rho\mathrm{d}x\mathrm{d}y\mathrm{d}z$ ，在 x 方向动量变化率为

$$\frac{\partial \rho v_x}{\partial t}\mathrm{d}x\mathrm{d}y\mathrm{d}z$$

根据 x 方向动量守恒，可得 x 方向运动方程为

$$\left(\frac{\partial(\rho v_x^2)}{\partial x}+\frac{\partial(\rho v_y^2)}{\partial y}+\frac{\partial(\rho v_z^2)}{\partial z}\right)+\frac{\partial \rho v_x}{\partial t}=f_x\rho+\left(\frac{\partial \sigma_{xx}}{\partial x}+\frac{\partial \tau_{yx}}{\partial y}+\frac{\partial \tau_{zx}}{\partial z}\right) \qquad (5.5)$$

将上式左边展开，

$$\left(\frac{\partial(\rho v_x^2)}{\partial x}+\frac{\partial(\rho v_y^2)}{\partial y}+\frac{\partial(\rho v_z^2)}{\partial z}\right)+\frac{\partial \rho v_x}{\partial t}$$

$$=v_x\left(\frac{\partial \rho}{\partial t}+\frac{\partial \rho v_x}{\partial x}+\frac{\partial \rho v_y}{\partial y}+\frac{\partial \rho v_z}{\partial z}\right)+\rho\left(\frac{\partial v_x}{\partial t}+v_x\frac{\partial v_x}{\partial x}+v_y\frac{\partial v_x}{\partial y}+v_z\frac{\partial v_x}{\partial z}\right)$$

$$=0+\rho\left(\frac{\partial v_x}{\partial t}+v_x\frac{\partial v_x}{\partial x}+v_y\frac{\partial v_x}{\partial y}+v_z\frac{\partial v_x}{\partial z}\right)（根据式(5.1)）$$

所以，x 方向运动方程简化为

$$\rho\left(\frac{\partial v_x}{\partial t}+v_x\frac{\partial v_x}{\partial x}+v_y\frac{\partial v_x}{\partial y}+v_z\frac{\partial v_x}{\partial z}\right)=f_x\rho+\left(\frac{\partial \sigma_{xx}}{\partial x}+\frac{\partial \tau_{yx}}{\partial y}+\frac{\partial \tau_{zx}}{\partial z}\right) \qquad (5.6)$$

同理，可得 y,z 方向的运动方程：

$$\rho\left(\frac{\partial v_y}{\partial t}+v_x\frac{\partial v_y}{\partial x}+v_y\frac{\partial v_y}{\partial y}+v_z\frac{\partial v_y}{\partial z}\right)=f_y\rho+\left(\frac{\partial \tau_{xy}}{\partial x}+\frac{\partial \sigma_{yy}}{\partial y}+\frac{\partial \tau_{zy}}{\partial z}\right) \qquad (5.7)$$

$$\rho\left(\frac{\partial v_z}{\partial t}+v_x\frac{\partial v_z}{\partial x}+v_y\frac{\partial v_z}{\partial y}+v_z\frac{\partial v_z}{\partial z}\right)=f_z\rho+\left(\frac{\partial \tau_{xz}}{\partial x}+\frac{\partial \tau_{yz}}{\partial y}+\frac{\partial \sigma_{zz}}{\partial z}\right) \qquad (5.8)$$

或

$$\rho\boldsymbol{a}=\boldsymbol{F} \qquad (5.9)$$

即以单位体积的地下水质量为基准的牛顿第二定律。

显然，式(5.3)与式(5.6)～式(5.8)含 9 个未知数，而只有 4 个方程，所以，方程组是不封闭的。若要求解，尚需补充方程的个数，为此引入牛顿流体的本构关系。

3. 牛顿流体的本构方程

基本假设：地下水应力与变形速率呈线性关系，应力与变形速率的关系各向同性，静止流场中，切应力为零，各正应力均等于静压力。这样，牛顿流体本构方程(可看成是流体力学的胡克定律)由下式给出：

$$
\left.
\begin{aligned}
\sigma_{xx} &= -p + 2\mu\frac{\partial v_x}{\partial x} - \frac{2}{3}\mu\left(\frac{\partial v_x}{\partial x} + \frac{\partial v_y}{\partial y} + \frac{\partial v_z}{\partial z}\right) \\
\sigma_{yy} &= -p + 2\mu\frac{\partial v_y}{\partial y} - \frac{2}{3}\mu\left(\frac{\partial v_x}{\partial x} + \frac{\partial v_y}{\partial y} + \frac{\partial v_z}{\partial z}\right) \\
\sigma_{zz} &= -p + 2\mu\frac{\partial v_z}{\partial z} - \frac{2}{3}\mu\left(\frac{\partial v_x}{\partial x} + \frac{\partial v_y}{\partial y} + \frac{\partial v_z}{\partial z}\right) \\
\tau_{xy} &= \tau_{yx} = \mu\left(\frac{\partial v_x}{\partial y} + \frac{\partial v_y}{\partial x}\right) \\
\tau_{yz} &= \tau_{zy} = \mu\left(\frac{\partial v_y}{\partial z} + \frac{\partial v_z}{\partial y}\right) \\
\tau_{zx} &= \tau_{xz} = \mu\left(\frac{\partial v_z}{\partial x} + \frac{\partial v_x}{\partial z}\right)
\end{aligned}
\right\}
\tag{5.10}
$$

式中，μ 为地下水动力黏滞系数。

4. Navier-Stokes 方程

将式(5.10)代入式(5.9)，即得到由速度与压力表示的黏性流体运动微分方程——Navier-Stokes 方程(简称 N-S 方程)。由于引入了牛顿定律，该公式仅适用于牛顿流体。

$$
\left.
\begin{aligned}
\rho\frac{Dv_x}{Dt} &= f_x\rho - \frac{\partial p}{\partial x} - \frac{2}{3}\frac{\partial}{\partial x}(\mu\nabla\cdot\boldsymbol{v}) + 2\frac{\partial}{\partial x}\left(\mu\frac{\partial v_x}{\partial x}\right) + \frac{\partial}{\partial y}\left[\mu\left(\frac{\partial v_x}{\partial y} + \frac{\partial v_y}{\partial x}\right)\right] + \frac{\partial}{\partial z}\left[\mu\left(\frac{\partial v_x}{\partial z} + \frac{\partial v_z}{\partial x}\right)\right] \\
\rho\frac{Dv_y}{Dt} &= f_y\rho - \frac{\partial p}{\partial y} - \frac{2}{3}\frac{\partial}{\partial y}(\mu\nabla\cdot\boldsymbol{v}) + \frac{\partial}{\partial y}\left[\mu\left(\frac{\partial v_x}{\partial y} + \frac{\partial v_y}{\partial x}\right)\right] + 2\frac{\partial}{\partial y}\left(\mu\frac{\partial v_y}{\partial y}\right) + \frac{\partial}{\partial z}\left[\mu\left(\frac{\partial v_y}{\partial z} + \frac{\partial v_z}{\partial y}\right)\right] \\
\rho\frac{Dv_z}{Dt} &= f_z\rho - \frac{\partial p}{\partial z} - \frac{2}{3}\frac{\partial}{\partial z}(\mu\nabla\cdot\boldsymbol{v}) + \frac{\partial}{\partial x}\left[\mu\left(\frac{\partial v_x}{\partial z} + \frac{\partial v_z}{\partial x}\right)\right] + \frac{\partial}{\partial y}\left[\mu\left(\frac{\partial v_y}{\partial z} + \frac{\partial v_z}{\partial y}\right)\right] + 2\frac{\partial}{\partial z}\left(\mu\frac{\partial v_z}{\partial z}\right)
\end{aligned}
\right\}
\tag{5.11}
$$

若假设地下水是不可压缩的，即 $\rho = \text{const}$ 且 $\nabla\cdot\boldsymbol{v} = 0$，$\mu = \text{const}$，式(5.11)可简化为

$$
\left.
\begin{aligned}
\frac{\partial v_x}{\partial t} + v_x\frac{\partial v_x}{\partial x} + v_y\frac{\partial v_x}{\partial y} + v_z\frac{\partial v_x}{\partial z} &= f_x - \frac{1}{\rho}\frac{\partial p}{\partial x} + \nu\left(\frac{\partial^2 v_x}{\partial x^2} + \frac{\partial^2 v_x}{\partial y^2} + \frac{\partial^2 v_x}{\partial z^2}\right) \\
\frac{\partial v_y}{\partial t} + v_x\frac{\partial v_y}{\partial x} + v_y\frac{\partial v_y}{\partial y} + v_z\frac{\partial v_y}{\partial z} &= f_y - \frac{1}{\rho}\frac{\partial p}{\partial y} + \nu\left(\frac{\partial^2 v_y}{\partial x^2} + \frac{\partial^2 v_y}{\partial y^2} + \frac{\partial^2 v_y}{\partial z^2}\right) \\
\frac{\partial v_z}{\partial t} + v_x\frac{\partial v_z}{\partial x} + v_y\frac{\partial v_z}{\partial y} + v_z\frac{\partial v_z}{\partial z} &= f_z - \frac{1}{\rho}\frac{\partial p}{\partial z} + \nu\left(\frac{\partial^2 v_z}{\partial x^2} + \frac{\partial^2 v_z}{\partial y^2} + \frac{\partial^2 v_z}{\partial z^2}\right)
\end{aligned}
\right\}
\tag{5.12}
$$

或

$$\frac{\mathrm{d}\boldsymbol{v}}{\mathrm{d}t} = \boldsymbol{f} - \frac{1}{\rho}\nabla p + \nu\nabla^2\boldsymbol{v} \tag{5.13}$$

式中，ν 为地下水运动黏滞系数。

式(5.10)与式(5.3)联立，有 4 个未知数：v_x, v_y, v_z, p，写成向量，即为

$$\left.\begin{array}{l} \nabla \cdot \boldsymbol{v} = 0 \\[2mm] \dfrac{\mathrm{d}\boldsymbol{v}}{\mathrm{d}t} = \boldsymbol{f} - \dfrac{1}{\rho}\nabla p + \nu\nabla^2\boldsymbol{v} \end{array}\right\} \tag{5.14}$$

结合一定的边界条件，即可得到该微分方程组的解。

5.2　控制方程的简化

5.2.1　第四系松散层区域及过渡区域

第四系松散层 S_1(图 5.3)，可视为多孔介质，由于其中地下水流速很低，在各坐标方向的导数很小，可以略去。则式(5.13)可简化为[231]

$$\frac{\mathrm{d}\boldsymbol{v}}{\mathrm{d}t} = \boldsymbol{f} - \frac{1}{\rho}\nabla p + \nu\nabla^2\boldsymbol{v} \tag{5.15}$$

因地下水处于重力场，单位质量的体积力 $\boldsymbol{f}$ 只有一个沿 z 方向向下的重力，$\boldsymbol{f} = \rho\boldsymbol{g}$，又 $H = p/\rho g + z$，$\nabla p - \rho g = \rho g\nabla H$，单位质量 $\rho = 1$ 时，上式变为

$$\frac{1}{g}\frac{\partial\boldsymbol{v}}{\partial t} = -\nabla H - \frac{\nu}{g}\nabla^2\boldsymbol{v} \tag{5.16}$$

式中，H 为地下水位。

式(5.16)的最后一项，在渗流中应为液体对土颗粒表面的摩擦力与液体质点之间的内摩擦力之和，而后者相对很小，可忽略。所以，引用 Darcy 定律表示该项仅有的阻力。对单位质量液体而言，渗流阻力应为沿流线 S 单位长度的能量损失，即

$$\nu\nabla^2\boldsymbol{v} = g\frac{\mathrm{d}H}{\mathrm{d}S} = -g\frac{n\boldsymbol{v}}{K} = -g\frac{\boldsymbol{v}'}{K} \tag{5.17}$$

式中，K 为多孔介质渗透系数；n 为多孔介质孔隙率；$\boldsymbol{v}'$ 为渗透流速。

代入式(5.16)，即得到不可压缩流体在不变形多孔介质中的 N-S 方程，也称地下水运动方程

$$\frac{1}{g}\frac{\partial\boldsymbol{v}}{\nu t} = -\nabla H - \frac{n\boldsymbol{v}}{K} \tag{5.18}$$

上式左边项为 $10^{-3}\mathrm{cm/s^2}$ 量级，右两项均为 $10^{3}\mathrm{cm/s^2}$ 量级，显然，与右项相比，左项可忽略不计，与稳定流趋于一致。其不稳定性可列入自由面边界条件内。如此，就可以用连续变化的稳定流来代替非稳定流。对于稳定渗流，上式可简化为重力和阻力控制的 Darcy 流动，即

$$v = -K\nabla H / n \tag{5.19}$$

或

$$\left.\begin{array}{l} v_x = \dfrac{K_x}{n}\dfrac{\partial H}{\partial x} \\[2mm] v_y = \dfrac{K_y}{n}\dfrac{\partial H}{\partial y} \\[2mm] v_z = \dfrac{K_z}{n}\dfrac{\partial H}{\partial z} \end{array}\right\} \tag{5.20}$$

式(5.19)与式(5.2)联立，即可求解。若仅考虑平面二维问题，含 y 的项均消失。

5.2.2　等效平板裂隙区域

基岩平板裂隙区域 S_2 内地下水满足流体力学的连续性方程及运动方程——N-S 方程。将式(5.13)中的压力 p 用水头 H 表示，$p = (H-z)\rho g$，$\nabla p = (\nabla H + 1)\rho g$，即得到用水头 H 表示的 N-S 方程，代入式(5.13)，即

$$\frac{\mathrm{d}v}{\mathrm{d}t} = f - g - g\nabla H + \nu\nabla^2 v \tag{5.21}$$

注意到单位质量 $\rho = 1$，$f_x = f_y = 0$，$f_z = -g$，代入式(5.14)，再与式(5.3)联立，即含 v_x, v_y, v_z, H 四个未知数的方程组，且与松散层 S_1、S_3 有一致的水头表示方法。

$$\left.\begin{array}{l} \dfrac{\partial v_x}{\partial x} + \dfrac{\partial v_y}{\partial y} + \dfrac{\partial v_z}{\partial z} = 0 \\[3mm] \dfrac{\mathrm{d}v_x}{\mathrm{d}t} + v_x\dfrac{\partial v_x}{\partial x} + v_y\dfrac{\partial v_x}{\partial y} + v_z\dfrac{\partial v_x}{\partial z} = -g\dfrac{\partial H}{\partial x} + \nu\left(\dfrac{\partial^2 v_x}{\partial x^2} + \dfrac{\partial^2 v_x}{\partial y^2} + \dfrac{\partial^2 v_x}{\partial z^2}\right) \\[3mm] \dfrac{\mathrm{d}v_y}{\mathrm{d}t} + v_x\dfrac{\partial v_y}{\partial x} + v_y\dfrac{\partial v_y}{\partial y} + v_z\dfrac{\partial v_y}{\partial z} = -g\dfrac{\partial H}{\partial y} + \nu\left(\dfrac{\partial^2 v_y}{\partial x^2} + \dfrac{\partial^2 v_y}{\partial y^2} + \dfrac{\partial^2 v_y}{\partial z^2}\right) \\[3mm] \dfrac{\mathrm{d}v_z}{\mathrm{d}t} + v_x\dfrac{\partial v_z}{\partial x} + v_y\dfrac{\partial v_z}{\partial y} + v_z\dfrac{\partial v_z}{\partial z} = -2g - g\dfrac{\partial H}{\partial z} + \nu\left(\dfrac{\partial^2 v_z}{\partial x^2} + \dfrac{\partial^2 v_z}{\partial y^2} + \dfrac{\partial^2 v_z}{\partial z^2}\right) \end{array}\right\} \tag{5.22}$$

水在裂隙内流动和水在其他边界下流动一样，有层流和紊流之分，它们的运

动规律是相同的，即层流(当黏滞力占优势而惯性力可忽略)时，当水头损失与流速呈线性关系时，也常称为 Darcy 定律；紊流时，水头损失与流速呈非线性关系。对于光滑、等宽裂隙中的线性流运动，根据水力坡降与黏滞力平衡的原则可得到裂隙内平均流速的理论解[231]

$$v_{\mathrm{f}} = \frac{gb^2}{12\nu} J_{\mathrm{f}} = K_{\mathrm{f}} J_{\mathrm{f}} \tag{5.23}$$

式中，g 为重力加速度；J_{f} 为裂隙中地下水的水力坡降；K_{f} 为裂隙的渗透系数；ν 为水的运动黏度。

从而，裂隙的渗透系数可表示为

$$K_{\mathrm{f}} = \frac{gb^2}{12\nu} \tag{5.24}$$

通过光滑裂隙的单宽流量为

$$q = v_{\mathrm{f}} b = \frac{gb^3}{12\nu} J_{\mathrm{f}} \tag{5.25}$$

对于粗糙和非等宽裂隙中的线性流运动，可在试验室内做水力试验，将水力坡降和流量代入上式中，求出裂隙等效平行板宽度 e，再代入上式，即得粗糙和非等宽裂隙的线性流渗透系数

$$K_{\mathrm{f}} = \frac{ge^2}{12\nu} \tag{5.26}$$

为表述方便，以下将等效平行板宽度仍以 b 表示。

当水头损失与流速呈非线性关系时，一般用下式表示：

$$v^m = K_{\mathrm{f}}' J_{\mathrm{f}} \tag{5.27}$$

式中，K_{f}' 为非线性流时的渗透系数；m 为非线性指数，其变化范围为 $1 \sim 2$。

光滑裂隙中非线性流公式应为

$$q^m = v_{\mathrm{f}}^m b^m = K_{\mathrm{f}}' J_{\mathrm{f}} b^m \tag{5.28}$$

从而可得

$$\lg J_{\mathrm{f}} = \lg \frac{1}{K_{\mathrm{f}}' b^m} + m \lg q \tag{5.29}$$

通过室内水力试验可得到以 $\lg J_{\mathrm{f}}$ 与 $\lg q$ 为坐标的关系直线，所得直线的坡降即为 m。再代回式(5.28)即可求出 K_{f}'。

Lomize[67]和 Louis[69]分别在试验室内对单个裂隙进行了大量试验，得到光滑和粗糙裂隙的流量计算公式，现将成果列于表 5.1、表 5.2 中。

由表 5.1 和表 5.2 可以看出，无论表达式多么复杂，q-J_{f} 关系式可统一表示为

$$q = k_f \cdot J_f^a \tag{5.30}$$

式中，a 为系数，取 1、1/2 或 4/7。

值得说明的是，对于表中所需要的光滑裂隙的临界雷诺数，Lomize 用 $(Re)_{kp} = bv_f / (2\nu)$ 来表示，其值为 600，而 Louis 用 $Re = 2bv_f / \nu$ 表示，其值为 2300。从中可知，粗糙裂隙中的临界雷诺数是裂隙内相对糙率的函数。

表 5.1　Lomize 的单裂隙渗流公式

缝壁状态		光滑	粗糙
水流运动状态	线性流	$v_f = \dfrac{gb^2}{12\nu}J_f$	$v_f = \dfrac{gb^2}{12\nu}J_f\dfrac{1}{1+6(\Delta/b)^{1.5}}$
		$q = \dfrac{gb^3}{12\nu}J_f$	$q = \dfrac{gb^3}{12\nu}J_f\dfrac{1}{1+6(\Delta/b)^{1.5}}$
		$\lambda = \dfrac{6}{Re}$	$\lambda = \dfrac{6}{Re}1+6(\Delta/b)^{1.5}$
	非线线流	$v_f = 4.7\sqrt[4]{\dfrac{g^4b^5}{\nu}J_f^4}$	$v_f = \sqrt{gJ_fb}\left[2.6+5.1\lg\dfrac{b}{2\Delta}\right]$
		$q = 4.7b\sqrt[4]{\dfrac{g^4b^5}{\nu}J_f^4}$	$v_f = b\sqrt{gJ_fb}\left[2.6+5.1\lg\dfrac{b}{2\Delta}\right]$
		$\lambda = 0.056\dfrac{1}{Re^{0.25}}$	$\lambda = \dfrac{1}{\left[2.6+5.1\lg\dfrac{b}{2\Delta}\right]^2}$
线性定律上限适用		$(Re)_{kp} = 600$	$N_1 = 600\left[1-0.96(\Delta/b)^{0.4}\right]^{1.5}$

注：表中 Δ 为绝对糙率。

表 5.2　Louis 的单裂隙渗流公式

壁缝状态		$\Delta/b \leqslant 0.033$	$\Delta/b > 0.033$
	线性流	$v_f = K_fJ_f$	$v_f = K_fJ_f$
		$q = \dfrac{gb^3}{12\nu}J_f$	$q = \dfrac{g}{12\nu}\left[\dfrac{1}{1+8.8(\Delta/b)^{1.5}}\right]b^3J$
水流运动状态		$v_f^{1.75} = K_f'J_f$	
	非线线流	$q = \left[\dfrac{g}{0.079}\left(\dfrac{2}{\nu}\right)^{\frac{1}{4}}b^3J_f\right]^{\frac{4}{7}}$	$v_f^2 = K_f'J_f$
		$v_f^2 = K_f'J_f$	
		$q = 4\sqrt{g}\left(\lg\dfrac{3.7}{\Delta/b}\right)b^{1.5}\sqrt{J_f}$	$q = 4\sqrt{g}\left(\lg\dfrac{1.9}{\Delta/b}\right)b^{1.5}\sqrt{J_f}$

注：表中 Δ 为绝对糙率。

5.2.3　边界条件的确定

第一类边界条件，或称水头边界条件：

$$H\big|_{\Gamma_1} = \varphi_1(x,y,z,t), (x,y,z) \in \Gamma_1 \tag{5.31}$$

如图 5.3 中的 *A-B-C*、*F-G* 段分别为上、下游水头边界。

第二类边界条件，或称流量边界条件：

$$K\frac{\partial H}{\partial n}\bigg|_{\Gamma_2} = q_1(x,y,z,t), (x,y,z) \in \Gamma_2 \tag{5.32}$$

对于隔水边界，此时侧向补给量 $q=0$。在介质各向同性条件下，上式可简化为

$$\frac{\partial H}{\partial n} = 0 \tag{5.33}$$

如图 5.3 中的 *C-D-E*、*H-I*、*J-K*、*L-M* 段等。

第三类边界条件，是指含水层边界的内外水头差和交换的流量之间保持一定的线性关系，即

$$\frac{\partial H}{\partial n} + \alpha H = \beta \tag{5.34}$$

在基岩管道出入口附近，即松散层与管道交界处，还应满足如下条件：

流量相等，若仅考虑上游部分，即流入 S_3 的流量 Q_{S_3} 与流进 S_2 的流量 Q_{S_2} 相等；假设没有其他补给源，也无其他排泄出路，则

$$Q_{S_3} = Q_{S_2} \tag{5.35}$$

设 S_3 的外边界为 D_3，在 D_3 上取一微小单元 $\mathrm{d}A$，则经 D_3 流入 S_3 的流量 Q_{S_3} 为

$$Q_{S_3} = \int_{D_3} \boldsymbol{v} \cdot \boldsymbol{n} \mathrm{d}A \tag{5.36}$$

式中，$\boldsymbol{n}$ 为微小面积单元 $\mathrm{d}A$ 的外法线方向。

当仅按层流考虑时，等效平板裂隙 S_2 的单宽流量 Q_{S_2} 为

$$Q_{S_2} = \frac{gb^2}{12\nu} J_{\mathrm{f}} \tag{5.37}$$

式中，b 为等效平板裂隙宽度。

初始条件，指给定某一选定时刻（通常表示为 $t=0$）渗流区内各点水头值，即

$$H(x,y,z,t)\big|_{t=0} = H_0(x,y,z) \tag{5.38}$$

为简单起见，这里仅考虑地下水流为稳态情形，即与时间 t 无关。

5.3　数　值　模　拟

5.3.1　数学模型

北江大堤石角堤段桩号 7+300 堤高约 17m，堤身为粉质黏土，堤基自上而下分别为冲积黏性土层(厚 1.8～6m，局部存在薄弱部位)、砂卵砾石层(厚 29～30m)、基岩(工程详细情况见第 6 章)。基岩主要由古近系红层组成，钙质胶结，具有可溶性，发育断裂、裂隙。如果针对工程实际情况，计算断面常有测压管，这时就应采用测压管实际水位来调整边界条件及参数[232]。当附近存在多于一排的测压管时，还应根据实际情况而决定采用哪一排测压管水位更为合理[233]。现仅考虑稳定流情况，采用有限元进行模拟，对于集中渗漏通道的影响，采用调整渗透系数的办法来处理，即松散层 S_1 的渗透系数维持不变，基岩内已发育的集中渗漏通道 S_2，其发育程度通过渗透系数来反映，从与基岩相同渗透系数发展到很大的渗透系数，过渡区域 S_3 空间规模逐渐变大，渗透系数也从初始值逐渐增大，模拟集中渗漏通道对两端进出口地层的影响，以探索基岩集中渗漏通道与堤内管涌的关系(仅考虑稳定流)。

5.3.2　边界条件及相关参数

边界条件：堤顶高程 17.00m，内外坡比均为 1：2.5。计算时上游边界取距外坡脚 130m，下游边界取距内坡脚 360m，计算深度取堤顶以下 77.0m 为下边界。考虑到堤外河床下切，河床面高程为 0.00m，外坡脚以外不再分布有黏性土层。取江水位 14.00m，堤内水位 6.00m。江水位 14.00m 以下为已知水头边界，堤身存在自由面，堤内分布厚薄不一的黏性土层，在低洼地有水渗出，即堤内水位 6.00m，低于此高程的地方具有下游已知水头性质。基岩软弱结构面形成的集中渗漏通道宽度暂取 2m，其中有物质充填(图 5.6)。

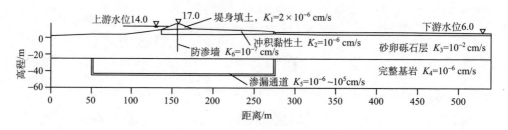

图 5.6　计算断面图

堤身填土 K_1=2×10⁻⁶cm/s；冲积黏性土 K_2=1×10⁻⁶cm/s；冲积砂卵砾石 K_3=1×10⁻²cm/s；完整基岩 K_4=1×10⁻⁶cm/s；考虑基岩中的集中渗漏通道的充填程度、透水性能等，其渗漏系数 K_5 从 1×10⁻⁶cm/s(集中渗漏通道尚未发育)逐渐增加到 1×10⁵cm/s(通道完全发育)

　　渗透系数：堤身填土 $K_1=2×10^{-6}$cm/s；冲积黏性土 $K_2=1×10^{-6}$cm/s；冲积砂卵砾石 $K_3=1×10^{-2}$cm/s；完整基岩 $K_4=1×10^{-6}$cm/s；考虑基岩中的集中渗漏通道的充填程度、透水性能等，其渗漏系数 K_5 从 $1×10^{-6}$cm/s（集中渗漏通道尚未发育）逐渐增加到 $1×10^5$cm/s（通道完全发育）；防渗墙 $K_6=1×10^{-7}$cm/s。

　　为便于理解集中渗漏通道的透水性，讨论集中渗漏通道在不同渗透系数条件下的相对应的等效水力隙宽是很有必要的。

　　设集中渗漏通道的宽度为 ΔH，渗透系数为 K。根据立方定律，由 K 可求出相对应的等效水力隙宽 b_i

$$b_i = \sqrt{\frac{12\nu K}{g}} \tag{5.39}$$

该集中渗漏通道包含隙宽为 b_i 的裂隙条数 m 为

$$m = \Delta H / b_i, \quad 1 \leqslant i \leqslant m \tag{5.40}$$

每条裂隙的单宽流量 q_i

$$q_i = KJ_i b_i \tag{5.41}$$

通过集中渗漏通道的总的单宽流量

$$q = \sum_{i=1}^{m} q_i \tag{5.42}$$

将式(5.40)、式(5.41)代入上式，得

$$q = \Delta HKJ_i \tag{5.43}$$

　　假设隙宽为 b_i 的裂隙中的地下水具有统一水力坡降 J，即 $J=J_i$，则与总流量 q 对应的总的等效水力隙宽为 b

$$b = \sqrt[3]{\frac{12\nu\Delta HK}{g}} \tag{5.44}$$

式中，g 为重力加速度；K 为集中渗漏通道的渗透系数；ν 为水的运动黏度；ΔH 为集中渗漏通道宽度。

　　上式即为集中渗漏通道宽度为 ΔH、渗透系数为 K 时对应的等效水力隙宽，它可用来判断一定规模、一定透水性的集中渗漏通道相当于多大规模的裂隙。由于集中渗漏通道不可能是一条真正意义上的通道，因此，计算充填率是必要的。

　　为应用方便，表 5.3 给出宽度为 2m、不同透水性的集中渗漏通道相对应的等效水力隙宽。

表5.3　宽度为2m、不同透水性的集中渗漏通道在不同水温条件下相对应的等效水力隙宽

渗透系数 K/(cm/s)	等效水力隙宽/mm			充填率(25℃)/%	备注
	5℃	10℃	25℃		
10^{-6}	0.03	0.03	0.027	1.35×10^{-3}	5℃，ν =1.519×10^{-6}m^2/s
10^{-4}	0.15	0.15	0.13	6.5×10^{-3}	10℃，ν =1.308×10^{-6}m^2/s
10^{-2}	0.72	0.69	0.60	0.03	25℃，ν =0.897×10^{-6}m^2/s
1	3.34	3.18	2.80	0.14	
10^2	15.44	14.69	12.96	0.65	
10^4	71.89	68.41	60.33	3.02	
10^5	154.9	147.41	130.00	6.50	
10^6	333.72	317.58	280.07	14.04	

注：充填率=等效水力隙宽/集中渗漏通道宽×100%。

从表5.3可知，对于同一宽度的软弱结构面形成的集中渗漏通道，当其透水性不同时，对应的等效水力隙宽也不同。以地下水温为25℃为例，在2m宽的集中渗漏通道发育初期，如K=10^{-4}cm/s，其透水性仅相当于宽为0.13mm的平板裂隙；当集中渗漏通道的渗透系数达到1cm/s时（与砂相当），其透水性仅相当于宽为2.8mm的平板裂隙；而当软弱结构面很发育时，集中渗漏通道的 K 值达到10^{6}cm/s时（此时或许已不适用渗透系数来表达，但为便于比较，仍列出），其透水性相当于宽为280mm的平板裂隙。

5.3.3　数值模拟成果

采用南京水利科学研究院有限元程序进行分析计算，主要的计算断面如图5.6所示。

(1)基岩视为较完整，堤内黏土盖层完好（图5.7）。由图5.7可见，堤内等势线密集分布于黏土盖层内，表明黏土盖层如能承受剩余水头压力而不被顶穿，将起到很好的防渗作用。但我国堤防现状表明，堤内常分布有鱼塘、禾田、水沟等，这一天然防渗层受到人为破坏，局部黏性土很薄，甚至缺失，对防渗很不利。以 P 点厚度1.8m的黏土层为例，黏土层内渗透方向近于竖直向上，平均水力坡降 J_y=(14.0–6.0)/1.8=4.4，一般黏土层允许水力坡降约为1，所以，此时 P 点极易出现渗透破坏。松散层的单宽流量 Q_1=0.738m^2/d，基岩的单宽流量 Q=3.8×10^{-5} m^2/d。由于基岩被视为较完整岩体，堤内绝大部分流量来源于松散层，基岩渗透的水量可忽略不计（图5.7中当基岩不存在集中渗漏通道时，相当于存在渗透系数与较完整基岩相同的集中渗漏通道，即 K_5=K_4=10^{-6}cm/s）。

(2)基岩视为较完整岩体，如果在堤内黏土盖层较薄处的 P 点，被剩余水头顶穿，发生渗透破坏，破坏口附近渗透系数增大，不妨设其渗透系数与黏土盖层下伏砂层的相同（图5.8）。

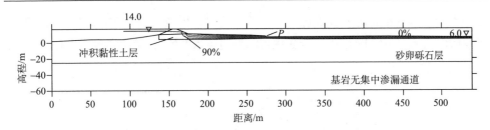

图 5.7　基岩视为不透水边界、堤内黏土盖层完好时的等势线(等势线每 10% 一条，下同)

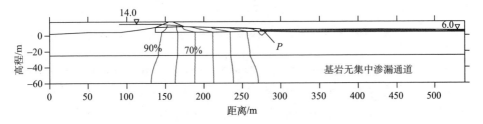

图 5.8　堤内薄弱部位渗透破坏时的等势线

由于黏土盖层的剩余水压力很快得到释放，堤内等势线重新分布。砂砾层内以水平流为主，平均水力坡降约为 $J_x=0.04$。渗透破坏口 P 点处的水力坡降减小至 $J=0.89$。此时，松散层流量 $Q_1=8.76\mathrm{m}^2/\mathrm{d}$，基岩流量 $Q=4.53\times10^{-5}\ \mathrm{m}^2/\mathrm{d}$。由于 P 点渗透破坏，堤基流量大幅度增大(图 5.8 中当基岩不存在集中渗漏通道时，相当于存在渗透系数与较完整基岩相同的集中渗漏通道，即 $K_5=K_4=10^{-6}\mathrm{cm/s}$)。

(3)若基岩存在集中渗漏通道，通道的进出口均位于基岩与砂卵砾石层的交界面上。由于基岩裂隙较为发育且分布范围较广，为研究问题方便，不妨设其出口位于 P 点下方，而其余条件不变(图 5.9)。集中渗漏通道的渗透系数 $K_5=10^{-4}\mathrm{cm/s}$，相当于基岩里存在一条 0.13mm 的裂隙(表 5.3，以 25℃为例，下同)。此时，松散层流量 $Q_1=8.55\mathrm{m}^2/\mathrm{d}$，集中渗漏通道流量 $Q_2=7.79\times10^{-5}\ \mathrm{m}^2/\mathrm{d}$。由于集中渗漏通道的透水性太小，流量没有明显变化，可忽略不计。

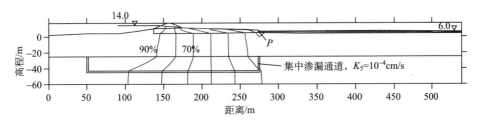

图 5.9　基岩存在集中渗漏通道时的等势线($K_5=10^{-4}\mathrm{cm/s}$)

(4)基岩集中渗漏通道在地下水作用下，透水性不断增大，取 $K_5=10^{-2}\mathrm{cm/s}$，相当于一条 0.60mm 的平板裂隙的透水性。此时,松散层流量 $Q_1=8.68\text{m}^2/\text{d}$,集中渗漏通道流量 $Q_2=0.338\text{m}^2/\text{d}$。由于集中渗漏通道透水性增大,其流量也增大(图 5.10)。

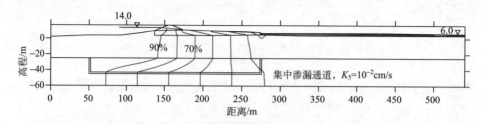

图 5.10　基岩存在集中渗漏通道时的等势线($K_5=10^{-2}\text{cm/s}$)

(5)基岩集中渗漏通道的透水性不断增大,取 $K_5=10^0\text{m/s}$,相当于一条 2.80mm 的平板裂隙的透水性。此时,松散层流量 $Q_1=6.07\text{m}^2/\text{d}$,集中渗漏通道流量 $Q_2=10.50\text{m}^2/\text{d}$。由于集中渗漏通道透水性变大,松散层流量相对减小,集中渗漏通道流量相对变大,并超过前者(图 5.11)。

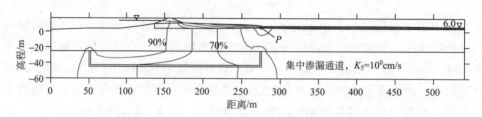

图 5.11　基岩存在集中渗漏通道时的等势线($K_5=10^0\text{cm/s}$)

(6)基岩集中渗漏通道的透水性进一步增大,取 $K_5=10^2\text{cm/s}$,相当于一条 12.96mm 的平板裂隙的透水性。此时,松散层流量 $Q_1=4.91\text{m}^2/\text{d}$,集中渗漏通道流量 $Q_2=15.03\text{m}^2/\text{d}$。由于集中渗漏通道透水性变大,松散层流量进一步减小,集中渗漏通道流量进一步变大(图 5.12)。集中渗漏通道出口端至渗漏破坏 P 点的竖直方向水力坡降变大,而水平坡降则变小,这是由基岩集中渗漏通道对流场的影响造成的。

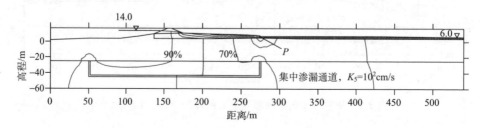

图 5.12　基岩存在集中渗漏通道时的等势线($K_5=10^2\text{cm/s}$)

(7) 基岩集中渗漏通道的透水性进一步增大，取 $K_5=10^5 \text{cm/s}$，相当于一条 130mm 的平板裂隙的透水性。此时，松散层流量 $Q_1=4.89 \text{m}^2/\text{d}$，集中渗漏通道流量 $Q_2=37.67 \text{m}^2/\text{d}$（图 5.13）。通过集中渗漏通道的流量变得更大。

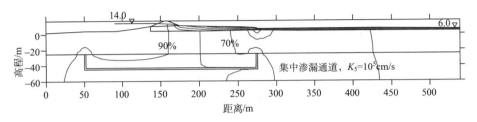

图 5.13　基岩存在集中渗漏通道时的等势线（$K_5=10^5 \text{cm/s}$）

(8) 若此时在沿堤顶设置了全截式防渗墙，即防渗墙直入基岩，但没有到达基岩集中渗漏通道。此时，松散层流量 $Q_1=0.01 \text{m}^2/\text{d}$，集中渗漏通道流量 $Q_2=49.45 \text{m}^2/\text{d}$（图 5.14）。作为对比，若基岩没有发育集中渗漏通道，此时松散层流量 $Q_1=0.023 \text{m}^2/\text{d}$，基岩流量 $Q=0.0014 \text{m}^2/\text{d}$（图 5.15）。可见，由于基岩集中渗漏通道的存在，防渗效果大大降低。

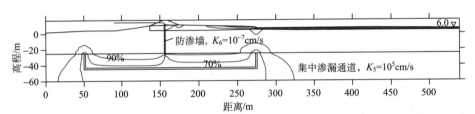

图 5.14　基岩有集中渗漏通道、设置全截式防渗墙时的等势线分布（$K_5=10^5 \text{cm/s}$）

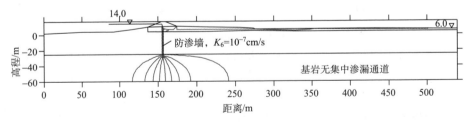

图 5.15　基岩无集中渗漏通道、设置全截式防渗墙时的等势线分布

(9) 在地下水的长期活动下，基岩集中渗漏通道将中粗砂层的可动颗粒不断带走，使集中渗漏通道出入口附近的砂卵砾石层的渗透系数增加。由于渗透破坏口附近的砂粒逐渐被带出孔口，其渗透系数也不断增大（图 5.16）。研究表明，渗漏破坏后，集中出流冲破黏性盖层以下的透水层的深度与承压透水层的比值一般

为 $1/5\sim1/3^{[53]}$。文献[59]的室内试验也支持这一点。这相当于破坏点与通道出口之间的有效渗径减小，竖直方向局部水力坡降增加。此时，松散层流量 $Q_1=9.11\text{m}^2/\text{d}$，集中渗漏通道流量 $Q_2=75.34\text{m}^2/\text{d}$。通过集中渗漏通道的流量变得更大。

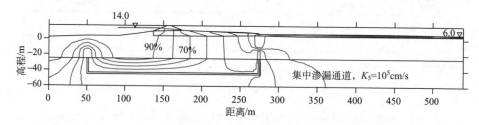

图 5.16　通道出口及破坏点附近渗透性增大时的等势线($K_5=10^5\text{cm/s}$)

5.3.4　数值模拟成果讨论

按照基岩集中渗漏发展情况，对于宽 2m 的集中渗透通道，考虑其渗透系数从 $1\times10^{-6}\text{cm/s}$ 增加至 $1\times10^5\text{cm/s}$，等效水力隙宽从 0.027mm 增加至 130.00mm，集中渗漏通道充填率从 $1.35\times10^{-3}\%$ 增至 14.04%，这一变化模拟了集中渗漏通道的形成过程。

将前述计算结果中松散层与集中渗漏通道的流量变化对比关系整理见表 5.4。从这些图表可以看出，基岩从开始发育集中渗漏通道($K_5=1\times10^{-6}\text{cm/s}$)到集中渗漏通道完全形成(暂认为 $K_5=1\times10^5\text{cm/s}$ 时通道完全形成)，松散层的单宽流量则先变大后变小，最后变大，集中渗漏通道的单宽流量 Q_2 逐渐变大，从 $4.53\times10^{-5}\text{m}^2/\text{d}$ 逐渐增大到 $75.34\text{m}^2/\text{d}$。总流量呈逐渐上升的趋势。表 5.4 体现了二者流量相对关系，Q_1/Q_2 从 1.93×10^5 减少到 0.12(表 5.4 中的序号 2~7、10)，表明基岩集中渗漏通道的存在对堤后流量大小的影响。

表 5.4 还说明了基岩有无集中渗漏通道时防渗墙的防渗效果。当基岩没有发育集中渗漏通道时，沿堤顶设置了防渗墙后，堤后总的单宽流量为 $0.0244\text{m}^2/\text{d}$，当基岩发育集中渗漏通道时，堤后总的单宽流量为 $49.5\text{m}^2/\text{d}$，其增加量主要来自基岩集中渗漏通道(表 5.4 中的序号 8~9)。

当堤内发生渗透破坏时，在破坏点附近的砂砾层中将发生冲蚀现象，导致透水性大大增加，同时，基岩集中渗漏通道出入口附近的砂砾层的细颗粒大量流失，其透水性能也加强，导致竖直方向有效渗径减小，从而竖直方向水力坡降 J_y 增大，渗透破坏存在进一步发展的可能性。

表 5.4　流量变化对比表

序号	集中渗漏通道渗透系数 $K_5/(\text{cm/s})$	松散层单宽流量 $Q_1/(\text{m}^2/\text{d})$	集中渗漏通道单宽流量 $Q_2/(\text{m}^2/\text{d})$	Q_1/Q_2	备注
1	1×10^{-6}	0.738	3.80×10^{-5}	1.94×10^4	图 5.7，基岩无通道
2	1×10^{-6}	8.76	4.53×10^{-5}	1.93×10^5	图 5.8，基岩无通道，堤内破坏
3	1×10^{-4}	8.55	7.79×10^{-5}	1.10×10^5	图 5.9，基岩开始发育通道，堤内破坏
4	1×10^{-2}	8.68	0.34	25.70	图 5.10，基岩通道透水性增加，堤内破坏
5	1	6.07	10.5	0.58	图 5.11，基岩通道透水性增加，堤内破坏
6	1×10^2	4.91	15.03	0.33	图 5.12，基岩通道透水性增加，堤内破坏
7	1×10^5	4.89	37.67	0.13	图 5.13，基岩通道透水性增加，堤内破坏
8	1×10^5	0.01	49.45	2.02×10^{-4}	图 5.14，基岩通道透水性增加，堤内破坏，有防渗墙
9	1×10^{-6}	0.023	1.4×10^{-3}	16.40	图 5.15，基岩无通道，堤内破坏，有防渗墙
10	1×10^5	9.11	75.34	0.12	图 5.16，基岩通道出口及破坏点附近透水性增加，无防渗墙

5.3.5　数值模拟与实测资料对比

在均质各向同性介质条件下，堤内管涌口的流量表示为

$$Q \approx 2\pi K r_\text{w} S_\text{w} \tag{5.45}$$

式中，K 为含水层加权平均渗透系数；r_w 为假想管涌口形成砂井的半径；S_w 为砂井的等水位线降深。

当渗透水流冲决顶板发生喷水后，其发展是管涌现象，受出逸流速控制，流速越大，渗流量越大，出砂量越大，这时管涌口的断面也随之扩大。此时涌口的砂呈悬浮状态，在此过程中涌出大量地基砂，最终导致管涌口附近的地面沉降。

1999 年 1 月的注水试验求得位于桩号 7+330 附近的 T9# 孔（管涌口旁）的平均渗透系数 $K=1.3\text{m/d}$，如采取前面数值模拟的参数，则 $K=1\times10^{-2}\text{cm/s}=8.64\text{m/d}$，假设管涌造成的砂井半径 r_w 为 1.5m，降深 S_w 取 5.8m，代入公式(5.45)得

$$Q \approx 2\pi K r_\text{w} S_\text{w} = 2\pi \times 8.64 \times 1.5 \times 5.8 = 472.29\text{m}^3/\text{d} = 5.47\text{L/s}$$

根据北江大堤方面的实测资料，1997 年洪水期管涌口的冒水量达到 100～200L/s。这就是说，砂砾石层所能提供的全部最大流量仅是维持管涌流量的 1/36～1/18，说明石角段的管涌的涌水量绝大部分来自砂层下岩体中的渗漏通道。这从理论上也证明了石角段产生的管涌不可能直接来自砂砾石层。

由于管涌破坏后其渗透系数变化很大，变化后的透水性如采用折算渗透系数

K_r 来描述，则

$$K_r = \frac{Q}{FJ_h} \tag{5.46}$$

式中，K_r 为模型的折算渗透系数；Q 为通过管涌口的渗流量；F 为管涌口的断面积；J_h 为水平平均渗透坡降。

将实测 $J_h=0.05$ 及前述数据代入式(5.46)，得折算渗透系数 $K_r=24\,446\sim48\,892\mathrm{m/d}$。显然，它超出了渗透系数的一般含义。对照表 5.3，这相当于基岩存在一条等效水力隙宽为 60mm 的裂隙的透水性能。这从另一方面证明了前述数值模拟一定程度上的合理性。

第6章 北江大堤红层堤基存在集中渗漏通道及示踪技术的综合应用

本章针对北江大堤石角堤段堤内管涌不能根治的工程实际情况，将地质条件与综合示踪技术较为完整地结合起来。首先从地质条件入手，详细阐述了基岩红层发育有软弱结构——新构造断裂，在合适的条件下，断裂可形成集中渗漏通道，然后以综合示踪技术，探测出了石角管涌多发地段基岩确实存在集中渗漏通道。

6.1 概　　述

北江大堤是广东省最大和最重要的堤围。石角堤段是北江大堤的最上游段，其基岩在桩号 6+450 以北为上泥盆统帽子峰组(D_3m)，由石英砂夹钙质页岩、灰岩组成，有溶蚀现象；桩号 6+450 以南为古近纪丹霞群红层，以紫红色粉砂岩为主，间夹砾岩，泥质、钙质胶结，强度较低。基岩上部覆盖上更新统中期(Q_3^2)和全新统(Q_4)的松散冲积层，最大厚度超过 30m，其中砂及卵砾石层最大厚度超过 25m，渗透系数为 50～500m/d，为极强透水层。石角堤段历史上曾发生过多次严重的管涌和流土（下统称"管涌"），甚至溃堤。在石角堤段上有一清朝光绪二十六年（1900 年）所立的碑文，称"石角围堤为下游各县及省垣保障屡修屡缺"[234]，是北江大堤最严重的险段。

中华人民共和国成立后，经 1955～1957 年、1970～1972 年和 1983～1987 年等三次规模递增的加固，堤身除按百年一遇洪水位加综合安全超高 1.5m 进行加高培厚外，还在石角堤段背水坡约 60～180m 范围内填砂压渗，压渗段末端高程为 9.5m。经第三次大规模加固后仍发现，当北江水位约超过 9m（设计洪水位为 15.36m），堤后就开始出现"砂沸"，尤其是当水位超过 9.8m 时，桩号 8+731 至 9+180 距堤脚 180m 的排水渠底发生多次渗透破坏。1990 年冬开始在桩号 5+840 至 10+883 的堤段建造了高压喷射水泥浆防渗板墙，1994 年 4 月完成，墙基伸入松散冲积层以下基岩 1～2m。1994 年 6 月大洪水发生前，北江大堤曾一度被认为是万无一失。

1994 年 6 月 8～18 日期间，9403 号强热带风暴在粤西登陆影响，北江发生 1915 年以来最大的近百年一遇的特大洪水（简称"94.6"特大洪水）。北江大堤强透水地基的堤段长超过总堤长的 50%，地基渗透是北江大堤的主要隐患之一，虽多次进行灌浆等加固，但未得到彻底解决。6 月 19 日 6 时，外江水位为 14.64m，超警戒水位 4.14m，北江大堤石角段(桩号 7+330)，距背水侧坡脚 100m 莲藕塘里发现喷水孔，直径范围约 1.5m，喷水高出塘水面约 10cm，相当于 10in^①泵的出水量，并带出大量泥沙，喷出泥沙超过 250m³。抢险时，一边往喷水孔填倒碎石，一边在外围用沙包筑围井，形成碎石反滤堆。抢险过程中，在围井外围又发现冒砂孔，同样抛碎石填筑围井，经 10 多小时的奋战，耗用编织袋 12 000 只，砂 400m³，碎石 800m³，填筑反滤围井面积约 400m²，险情基本得到控制。但反滤堆上仍不时有泥沙冒出，在反滤堆上继续加一些粒径较小的碎石(1～2cm)和石粉后，渗水才逐渐变清(图 6.1)。

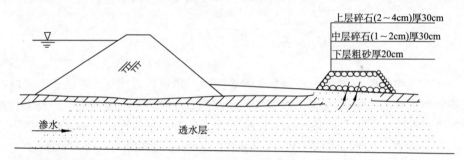

图 6.1　抢险时反滤围井示意图

其他险情如下：

(1)桩号 7+220 距堤脚约 150m 处的啤酒厂后，有直径约 0.5m 的"管涌"，冒水量较大并且伴有大量灰黑色的粉细砂。

(2)桩号 8+300 距堤脚 80m 的稻田多处大量冒水喷砂，靠堤方向的高地出现长约 10m 的塌坡裂缝。

(3)桩号 8+731 至 9+180 距堤脚约 180m 的排水渠底，在外江水位为 10.93m 时渠底已有几处冒浊水带细砂。

(4)桩号 10+980 距堤脚 40m 处出现直径 0.4m 的带砂涌水孔。

1997 年 7 月上旬北江再次出现 20 年一遇的洪水，石角最高水位为 14.03m，石角堤段又多处出险，较严重的有：

(1)桩号 7+220 堤后的 145m 的啤酒厂的排水沟，在外江水位达到 13.5m 时开始冒水和涌出灰黑色粉细砂，水位达 13.85m 时，已用反滤体覆盖的 1994 年 6 月

---

① 1in=2.54cm。

"管涌"处又大量冒水并夹带大量灰黑色粉细砂，涌砂量约 120m³，地陷面积近 100m²。

(2) 桩号 7+925 距堤脚 152m 和 280m 的 C1 和 C2 两根测压管侧在外江水位超过 13.85m 时均出现冒水涌砂，当水位回落到 12.76m 时，C2 外的钢筋混凝土护管已下沉超过 1m。

(3) 桩号 8+300 至 8+728 距堤脚 120～150m 约 400m² 的禾田，出现大量高超过 0.1m、直径 1m 左右的鼓包并大量涌水。

(4) 桩号 8+731 至 9+180 距堤脚约 180m 的排水渠底，在外江水位为 11.6m 时已有多处冒浊水，涌水量极大。

从 1990～1997 年，石角堤段汛期出现以下异常现象：

(1) 1994 年 10 月广东省水利厅召开专门会议，总结抗洪斗争经验和研究存在问题时，承担高喷的施工单位技术负责人介绍，在桩号 7+296 造孔在 39.1m 深(已进入红砂岩)时，钻杆"自由下落 2.5m，被上部水龙头卡住才停止下落"，后"用泥浆、砂回填"，"发现离大堤约 20～30m 对应的河中见有泥浆水流出，分析此空洞是同北江河相连"[①]。

(2) 1997 年 7 月上旬洪水涨水期，当外江水位低于 13.0m 时，桩号 7+330B 断面的测压管中，B5(距堤中心线 271m)测压管水位高于 B4(距堤中心线 171m)测压管水位，到外江水位高于 13.0m 后 B4 水位才逐渐高于 B5。

1997 年 7 月 6 日在处理桩号 7+220 啤酒厂"管涌"时，综合观测资料和现场已出现过的异常情况分析，可能仍有未被认识的因素存在(如极可能在基岩中存在与外江水关系更密的集中强透水通道等)，已采取的工程措施可能仍存在未考虑周到之处，而频发"管涌"的松散层中透水通道带会随土颗粒被带走而越来越疏松，出问题的机会也会越来越大。

2003 年 10 月，投资 25.45 亿元的北江大堤的除险加固工程动工，2004 年 9 月，投资 4 亿～5 亿元的石角段附近 15km 加固工程已修建达标。加固措施仍然是针对第四系松散层的，主要是压渗、高置减压井等。2005 年 6 月 24 日，北江石角段达到 5 年一遇水位，石角桩号 10+300 附近段堤坝发生了管涌，该管涌发生于堤内减压井之后的排水沟后面的禾田里，距背水坡堤脚约 120m，管涌直径约 1m，喷出水头高出田水面约 50cm。但其前面的减压井却不出水，或出水量很小。地质遥感及地表调查发现，该区存在与北江大致垂直的断裂构造。堤内屡治不断的管涌是否与大堤基岩这些软弱结构有关呢？

从以上可知，北江大堤石角堤段经过几十年、几代人的加固培厚，堤内险情

---

① 施工单位经理、技术负责人和机组操作人员的书面材料。

已减少了，但仍未根除。这些处理措施均是针对上覆第四系松散层的，而对基岩红层则没有任何处理措施。这与对工程问题的认识有关。

长期以来，对石角段管涌发生的机制存在着两种不同的认识和观点[235]。一种观点认为，管涌主要发生在堤基下覆的松散冲积强透水砂层中，虽然历次除险加固的各项工程措施也都是针对这一松散层的，但由于隐蔽工程的局限性，在工程实施过程中，可能存在某些薄弱环节或质量欠佳的地段，因此未能从根本上杜绝管涌的发生。这一观点的研究者还从科学研究的层面提出，距堤脚一定距离之外的管涌不会对大堤产生严重危害，即所谓的"无害管涌"。第二种观点则认为，虽然上覆的松散强透水砂层采取了各种工程措施，但由于对砂层下覆古近系红层的水文地质特性，特别是对红层中断裂带的发育及其透水性的认识误区或认识上的不足，对红层断裂带可能引起的管涌发生机制和安全隐患没有得到充分的认识和重视，也从未对此采取过任何工程措施，由此引起的管涌可能长期威胁着大堤的安全。这两种观点哪种更反映实际情况呢？其争论的焦点归结为以下几个问题：

(1)基岩红层里是否发育有软弱结构？如断层、节理密集带等。

(2)软弱结构能否形成集中渗漏通道？

(3)如果形成通道后对大堤安全有无影响？

(4)集中渗漏通道如何探测？

以上的问题(2)在前面的第 2 章中讨论了一般的软弱结构可形成集中渗漏通道，第 3 章里以石角地区红层为岩样，进行了室内试验，进一步表明在合适的自然条件下，红层中的软弱结构面可以形成集中渗漏通道。第 5 章以桩号 7+330 剖面地质条件为例，从理论上讨论了基岩存在集中渗漏通道时，由于集中渗漏通道的渗透系数很大，在进出口两端的砂砾层中的较细颗粒易被冲刷带走，其渗透系数也逐渐变大，对大坝具有一定的危害性。这相当于回答了问题(3)。下面结合前面的论述主要讨论问题(1)及问题(4)。

6.2　基岩红层地质构造

6.2.1　区域地质

石角堤段在区域上处于华南褶皱系，属印支构造期的罗沇—大赛褶皱群和广花复向斜之间的三水盆地的西北，南村向斜西翼。石角堤段地势低平，沿江左岸发育两河漫滩冲积阶地，高程分别为 6～9m 及 10～14m。石角段(桩号 5+776～11+316)处于三面环山的冲积盆地内，西临北江，北、东、南三面为红层残丘，堤段与河流走向一致，基本上呈南北向分布,堤围位于河流冲积阶地或漫滩上[236]。

堤两端分别与龟岗、蚬壳岗高程约 20～40m 的泥盆系砂岩和古近系红层砂岩残丘相接。堤基大部分为厚度在 15～30 的第四系强透水砂砾层,向东部即盆地边缘逐渐尖灭。在堤基,桩号 6+450 以北,由上泥盆统石英砂岩、粉砂岩夹钙质页岩、灰岩组成。桩号 6+450 以南,古近系红层,主要为陆相碎屑岩沉积,以粉砂岩为主,夹砾岩。在高喷墙施工过程中,曾出现十多处漏浆孔、掉钻、在江边出现冒浆孔等现象。

北江切过飞来峡之后沿 NNE 向的北江断裂南流时,又遇到不少横切河底 NNW 向、倾角近乎直立的张扭性强透水、富水的新构造断裂带,这些平行等距分布的各条断裂发育于北江河谷沉积岩中的各种岩石中,如遇钙质岩等,可形成新构造断裂岩溶裂隙[①]。那么,在石角堤段堤基红层中是否发育断裂呢?

6.2.2　红层新构造断裂发育特征及岩性特征

正如喜马拉雅运动产生喜山期构造一样,新构造运动则产生新构造期构造。喜马拉雅构造对新构造影响很大,新构造是喜山期构造的继承和发展。新构造断裂(于中国东部表现为北北东与北西西走向)形成的时间新、胶结差,所以富水、导水,为地下水的主要赋存部位。苏联 B. A. 奥布鲁契夫于 1948 年首次提出了新构造运动的研究问题。在我国,李四光首先提出了新构造分析观点。但对于新构造,还没有取得统一的认识。关于新构造时限,影响较大的有四种[237]:

(1)新生代以来;

(2)古近纪末至第四纪前期;

(3)新近纪至今;

(4)第四纪以来的构造运动。其时限由 7000～300 多万年。

新构造具有方向性,有多种,同时也存在局部差异性,这是由于构造边界条件和应力场不同的缘故。常见有 NNE、NNW、NWW、NEE 四组。新构造还具有垂向分布特点:直立性、同斜性、等深性[238]。新构造不仅发育于一般的沉积岩层,在红层中同样也有发育。

红层地质广布于我国大部分省区,众多水利水电工程修建在红层之上,对国民经济的发展发挥着巨大的经济效益和社会效益,取得了丰富的工程经验,但由于红层的工程地质、水文地质特性以及对红层认识上的不足,也得到了不少深刻教训。

中国红层面积达几十万平方千米,有些地方岩溶很发育,可与灰岩中岩溶规模相比。已发现有长 3km 的溶洞、流量达 59 357m^3/d 的岩溶大泉、5027m^3/d 的

---

① 肖楠森. 加固加强北江大堤防汛防洪工程[R]. 南京: 南京大学, 1994.

机井[239]。广东的红层盆地属白垩纪—古近纪，以河湖相为主，局部含海相的构造盆地，约 100 个[240]，总面积有 2 万 km^2，历时 137±5～25±2Ma B.P.，计 1 亿多年，沉积了以干热气候形成的红色碎屑岩为主的岩石，少量为灰岩，累计最大沉积厚度近万米，其中石角堤段所处的三水盆地红层厚达 1926.5m。广东自新近纪以来，除了第四纪冰期气候较干冷外，长期为热带或亚热带季风气候。高温多雨和红层中的可溶性碳酸盐是红层岩溶发育和裂隙溶洞水形成的外部和内部条件。以往把红层都当作一般碎屑岩，把红层视为相对不透水层，而没有注意到红层岩溶的特殊性。

关于石角段堤内管涌问题，一直受到许多学者的重视。南京大学肖楠森教授1994 年应广州市水利局邀请，到北江大堤考察管涌问题后，在他撰写的"加固加强北江大堤防洪防汛工程"专题报告中指出：北江河谷自韶关至三水一段，大部分是在各种基岩中由一系列北北东走向近直立的压扭性新构造断裂的控制下，顺向顺势稳定地向南流出飞来峡之后，又遇上了不少的横切河底的北西西走向直立的张扭性强透水富水的新构造断裂体系，这些体系平行、等距地分布于北江河谷沉积层下的各种基岩之中，主要是上白垩纪红色页岩、砂岩和砾岩之中，还可以形成新构造断裂岩溶性裂隙。隐藏在北江大堤砂土层地基之下的这些裂隙特别是岩溶性裂隙，在汛期特别是特大洪水时期，可以在大堤之下形成倒虹吸式的裂隙水流，对北江大堤的稳定和抗洪有很大的不利影响。

以前的地质勘查表明，该区域断裂不发育。这可能是因为当时把注意力集中在大堤本身，或红层胶结弱、易风化，地表经水流冲刷而掩盖了断层迹象。近年来，石角镇建造了许多厂房，提供了清晰的地质剖面。在石角卡房水库岸边的路坡上发现了规模巨大的红层新构造断裂带剖面，对古近系红层及其断裂的发育特征有了初步的认识，为深入研究红层断裂发育特征及其对大堤管涌发生的作用提供了第一手资料。

岩石露头主要分布在遥堤南北两头的大片丘岗区域，岩性以棕红色泥质粉砂岩、泥岩夹灰白色细砾粗砂岩及含砾粗砂岩或砾岩，泥质和钙质胶结，砂砾岩单层厚度在 5m 左右。据岩层分布特征推测，北江大堤石角段下覆基岩为该层岩性。

石角堤基红层岩芯岩矿主要成分，钙质粉砂岩中 $CaCO_3$ 含量为 32%，砾岩中 $CaCO_3$ 含量较高，达到 51%。显然胶结物具有可溶性，遇稀盐酸冒大量气泡，这是红层中较广分布的岩石，多分布在盆地中部，或砾屑石灰岩的内侧。砾岩主要成分为灰岩，胶结物以钙质为主，属砾屑石灰岩(石灰岩砾屑岩)，显然，也具有可溶性。

红层顶部在遥堤的南侧蚬壳岗至了哥水库一带发育不厚的薄层泥灰岩和碳质页岩，可能代表了部分红盆中心的沉积①。一个明显的特征是，遥堤南北两侧红层的产状相向倾斜，北侧倾向西南，产状为 340°/SW∠12°，南侧倾向北东，产状为 305°/NE∠9°，并且地层倾角有向南增大的趋势，至清远市冠林树脂化工有限公司附近，地层倾角为 40°。反映出自然盆地沉积的特征(图 6.2)。砂岩露头通常风化强烈，呈松散砂，可见其钙质胶结和成岩较弱的特征，孔隙率及透水性较强。地表可见砂岩中或沿砂岩与上覆泥岩的交界面受地表水流冲刷而成的洞穴和沟槽，说明红层岩性强度低，遇水易于软化崩解，形成空洞，产生岩溶现象。

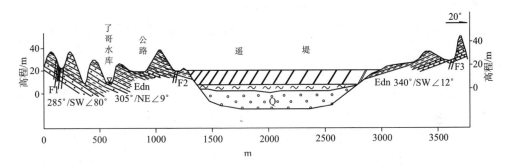

图 6.2 石角遥堤红层地质剖面示意图

经地表调查，该堤段附近存在如下三条较大规模的构造：

(1)卡房水库断裂 F1。虽然石角段红层产状平缓，变形特征不明显，但是通过仔细地质调查，还是发现了一些断裂的表现。一个重要的断裂剖面位于遥堤南侧约 1km、西牛南村西、卡房水库北侧的小山包上，由于开发区厂区道路建设，开挖出一条很好的剖面，暂称其为卡房水库断裂。该剖面由古近系红层组成，从下到上可分为三层。最下层为灰白色、浅灰色含砾砂岩、砾岩，未见底；中间层为紫红色泥质粉砂岩、砂岩，厚 5m 左右；最上层为砖红色含砾砂岩，风化严重，呈半松散状。地层倾向 NE，倾角 15°左右。断裂带以节理裂隙密集带的形式产出，可见单条裂隙多达 35 条以上，裂隙间距一般在 1.5m 左右，断裂带总的视宽度在 70m 左右。裂隙产状 285°/SW∠80°，裂面稍呈波状，可见少量切砾现象。根据裂面上反映出的羽列和阶步、反阶步特征分析，断裂带具逆时针张扭性活动特性，但未见裂隙带明显错断地层的现象。沿裂面还可见到钙膜充填和少量水迹及风化褐色现象，说明断裂带对地下水活动起着一定的促进作用。

沿该断裂带延伸方向追索，在其西侧的了哥水库边古近系砂岩层中，同样见

---

① 2005 年，作者与王建平教授一起在石角区域进行地质调查。

到断裂裂隙发育带，并且沿裂面冲蚀成槽沟。因此，此新构造断裂带的存在是毋庸置疑的，但由于地表风化强烈，很难见到清楚的断裂迹象，这也是先期的调查未能发现的主要原因。

（2）蚬壳岗断裂 F2、六房水库西断裂 F3。根据卡房水库断裂发育的特征，在遥堤南侧的蚬壳岗和北侧的六房水库西的古近系泥质砂岩中，也见到与 F1 同方向平行展布的裂隙带发育，沿裂隙面地表形成直线状细沟。值得注意的是，遥堤北侧的断裂带的延伸方向，直指石角堤段管涌多发的莲藕塘附近。

经过详细的地表调查，发现存在数条新生代以来大致平行等距的断裂构造，且 F3 断裂的延伸方向正好通过桩号 7+330 这一管涌多发地段。这一点，是与遥感成果相互印证的。因此，不难得出结论，石角堤段基岩红层是发育断裂的。

6.2.3　堤基地层岩性

大堤桩号 5+830～10+900 堤段，是历次管涌的主要发生区。堤基土属现代河床相沉积与河漫滩相沉积。根据多年勘测成果及近年来的补充勘测资料，堤身为人工填土，堤基为第四系冲积层及下伏基岩。而下伏基岩有两套地层，前已述及，以大堤桩号 6+450 为界，以北的下伏基岩为上泥盆统，以南的下伏基岩为古近系丹霞群红层。以下按年代自老而新进行分层描述。

1. 下伏基岩

1）上泥盆统帽子峰组（D_3m）

组成桩号 6+450 以北堤基下伏基岩，从钻孔揭露下伏基岩岩性来看，为不纯石灰岩。

2）古近系红层（Edn）

为棕红色泥质粉细砂岩，局部为砂岩、砾岩。岩层产状大致为 100°＜10°。根据钻孔揭露岩体风化程度不同，可分为全风化带、强风化带、弱风化带及微风化带。

全风化带：岩石风化成红色粉土或粉质黏土，硬塑—坚硬土状，含少量未风化透的强风化岩块。厚度 0.1～4.78m，平均 0.62m，层底高程-19.85～-27.05m。

强风化带：岩石软弱破碎，完整性差，岩芯呈破碎块状，局部夹有风化土。岩体透水性较大，透水性差异也较大，七段钻孔压水试验 $\omega=0.19\sim0.62$ lu/(min·m·m)。层厚 0.2～6.9m，平均 3.18m，层厚变化大，层面起伏也较大，层底埋深-20.24～-30.22m。

弱风化带：岩石较坚硬，完整性好，岩芯多呈柱状，仅局部夹有强风化岩，岩体透水性小，压水试验 $\omega=0.012\sim0.063$ lu/(min·m·m)，为弱—微透水性。

微风化带：岩石坚硬，完整，岩芯柱状，局部掉钻，最大垂径 3.7m。

2. 第四系冲积层（Q）

可分为全新统（Q_4）及上更新统（Q_3^2）。全新统主要分布在下灵洲至彭罗村，岩性变化较大，按岩性自下而上划分五层，即 $Q_4^1 \sim Q_4^5$。其中 $Q_4^1 \sim Q_4^3$ 为河床相和滨海相的砂砾、砂夹粉土层，$Q_4^4 \sim Q_4^5$ 为漫滩相黏性土夹砂。上更新统主要分布在石角圩至彭罗村，由下而上颗粒由粗到细，韵律明显，其间逐渐过渡，无明显分层界线。按颗粒大小的相互组合可分为五层，即 $Q_3^{2-1} \sim Q_3^{2-5}$。现将第四积冲积层由下而上分述如下。

1) 卵砾石粗砂层（Q_3^{2-1}）

浅灰色—黄色，以卵石为主，卵砾含量 40%～50%，其余为粗砂，也含少量中砂等，分选较差，中密—密实状，透水性很强。卵石一般 50～60mm，大者达 110～120mm，d_{10}=0.122～0.935mm，C_u=2.50～18.00。磨圆度好，成分为石英脉、石英砂岩、砂岩为主，由上至下卵石含量和粒径增大。本层分布连续广泛，直接覆盖于红层之上，层厚 3.5～10.1m，一般为 7m 左右，以上灵洲与下灵洲之间最厚，逐渐向彭罗村变薄，层底高程–23.32～–19.5m。

2) 淤质黏土（Q_3^{2-2}）

灰色—深灰色，均质黏性好，可塑状，呈薄透镜体状分布，最大厚度 4.9m，层底高程–16.18～–15.22m，仅分布在桩号 8+650～8+900，其余地段缺失。

3) 砾质粗砂、中粗砂层（Q_3^{2-3}）

灰—灰黄色，以粗砂为主，呈中密状，上部为粗中砂，并常含砾，砾径 2～20mm，约占 20%，d_{10}=0.12～0.72mm，C_u=2.00～17.60。分选较好，透水性强。本层分布较连续广泛，层底高程–17.19～–11.26m，层厚 1.3～10.4m，以下灵洲地段最薄。

4) 细中砂层（Q_3^{2-4}）

灰—灰黄色，局部含砾，分选较好，呈稍密状。一般是上部为细砂，下部为中细砂，含云母碎片，d_{10}=0.025～0.28mm，C_u=1.00～6.40。石角圩头至圩尾大塘，此层含淤质以及腐烂木屑和树叶等，至上灵洲一带含泥和腐殖质少些，下灵洲附近又含淤质和腐殖质。主要分布在桩号 8+020 以北，其余地段受 Q_4^1 层切割而往往缺失或仅呈透镜体状残存。层底高程–5.46～–12.62m，层厚 4.5～9.6m。

5) 淤质中砂（Q_3^{2-5}）

灰—灰黄色，稍密状，含淤泥质，手捏能成团，顶局部含泥较多并夹有薄层粉土，d_{10}=0.015～0.102mm，C_u=1.12～8.80。主要分布在桩号 6+500～8+000 之间，在下灵洲附近被 Q_4^1 层切割而缺失。

6）砾质粗砂、粗砂（Q_4^1）

灰白—灰黄色，中密状，含砾石一般 2～5mm，大者 10mm，d_{10}=0.100～0.554mm，C_u=1.01～8.90。有部分为砾质中砂，特别是彭罗村段，除砾石外，则以中砂为主，同时底部常含泥或腐木块。此层分布广泛，层厚 6～15.3m，层底高程−15.89～−4.7m，为近代河床相，呈上迭关系位于前期河床相沉积物之上。

7）细中砂、淤质细砂（Q_4^2）

灰黄—深灰色，稍密状，d_{10}=0.16～0.20mm，C_u=3.15～3.70。层厚 0.8～7.2m，层底高程−2.83～0.58m，主要分布在桩号 7+200～9+750 之间。

8）淤质粉土（Q_4^3）

灰—灰黄色，土质均匀，黏性差，很湿，稍密状，呈透镜体状分布，最厚为 3.3m，层底高程−0.12～3.54m，主要分布在桩号 9+000～9+700 之间。d_{10}=0.11～0.15mm，C_u=1.74。

9）黏土、淤质黏土（Q_4^4）

灰黄—深灰色，土质均匀，黏性好，可塑状，分布广泛。厚度 1.2～5.87m，从堤内向堤身处变薄，一般堤坡脚厚度 4.0～6.0m，但水塘底、水沟底、取土坑等处厚度常小于 2m。

10）粉土夹粉细砂（Q_4^5）

黄褐—灰白色，分布的规律性不强，多呈透镜体状断续分布。厚度 0～4.35m，一般也是从堤内坡向堤身处变薄。层底高程 0.29～5.74m，桩号 7+000～7+650 间以粉土为主，桩号 8+500～8+700 间为细砂，松散—稍密状态。d_{10}=0.0021～0.0038mm，C_u=2.44～3.95。

3. 人工填筑层（Qml）

为大堤人工堆积土，堤顶高程 17m 左右，层底高程 3.2～6.67m，厚度 10.3～13.8m，土质不均匀，上部 0～3m 多为紫红色砾质粉质黏土，含少量强风化岩碎块；以下为灰—灰黄色粉质黏土、粉土，局部夹有细中砂，成分较复杂，稍湿，具有黏性，可塑状。

6.2.4　堤基补充钻探

1998～2000 年，为查清堤内管涌原因，配合同位素探测，先后在管涌重点部分即桩号 7+140～7+430 段进行了三次同位素探测孔钻探(1～26，共 26 个孔)，钻探期间多次出现掉钻，并多次出现钻进突快现象，统计如表 6.1 所示。掉钻垂径为 0.33～3.7m，多出现在强、弱风化带里，压水试验透水率为 115～837lu 不等。在堤顶 10 个钻孔中，有 5 个遇到掉钻，掉钻处无充填物，见洞率达 50%。再一次证明，在管涌多发段的桩号 7+330 附近，堤基红层发育溶洞，或与 F3 断裂通过此处有关。

表 6.1　石角管涌多发段同位素测孔掉钻部位

孔号	部位	顶高程/m	垂径/m	孔号	部位	顶高程/m	垂径/m
8	7+220，距堤脚 320m	−30.297	0.8	19	7+370，堤顶	−38.814	1.3
		−44.547	0.33	20	7+390，堤顶	−47.054	0.7
10	7+326，距堤脚 20m	−50.187	0.7	23	7+220，堤顶	−42.189	0.91
		−52.207	0.4			−46.099	0.54
17	7+296，堤顶	−32.306	1.4	24	7+180，堤顶	−47.983	3.7
		−39.716	0.7			−57.683	0.6

2000 年对在堤顶桩号 7+140 至 7+430 范围补打的 11 个深孔(编号为 T16 至 T26，孔深一般为 70～80m，其中后期打的 17、18 和 19 孔深为 100～102m)和 BB1 孔进行了四次不同水位时的示踪观测。发现存在以下现象：

(1)桩号 7+180 至 7+390 间的 9 个钻孔中，出现 16 次掉钻，掉钻深度一般为 0.5m，除 T18 号的三处掉钻中有一处出现在 90m 深处(约−73m 高程)外，其余均出现在 44～65m 深(约−33～−48m 高程)范围(图 6.3)。

(2)除 18 孔的深部的一处掉钻外，其余发生掉钻处的水平渗透流速均较大。

(3)紫红色粉砂岩较软，湿润时轻触即可使手黏上一层薄薄的紫红色泥浆；当外江水位变动时孔中的水样会变浑，而外江水相对稳定时孔中水较清。从 18 孔的钻孔电视观察可见，在发现有些段特别是掉钻附近的破碎带中裂隙纵横，有些宽度达 2cm。

综上所述，在石角区域红层中发育一定规模、一定数量的新构造断裂，这是确定存在的，且在已发育的断裂中，有一条断裂是直指桩号 7+330 堤段的；根据岩性成分，存在岩溶发育的物质条件，且在地表中能够找到岩溶现象；同位素钻孔中多次出现垂径不等的掉钻，透水率高达数百吕荣，透水性极强，具有存在集中渗漏通道的可能性。

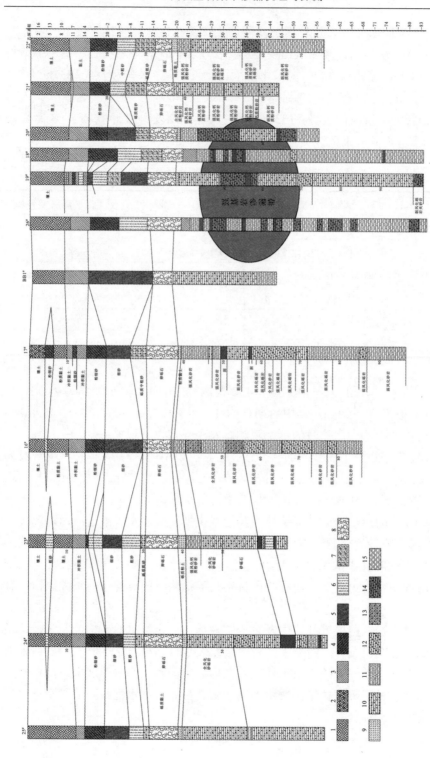

图 6.3　桩号 7+140～7+430 地质纵剖面及同位素示踪试验探测到的基岩主要漏通道位置图

6.3　集中渗漏通道的形成

红层基岩集中渗漏通道的形成与以下因素有关[241]:

(1)红层中黏土质岩石浸水软化、泥化，降低其物理力学性质。

(2)层间结构面透水性较强。

(3)在渗透压力扩散和水力梯度加大的情况下，断裂或裂隙密集带、风化深槽等易被冲蚀、剥离。

(4)红层中岩盐、石膏、芒硝等可溶性盐类在地下水作用下溶蚀成化学管涌。

(5)红层中存在构造。

(6)地下水的冲刷作用。

以上因素中，往往构造起控制作用。

石角堤段共设有 10 排测压管剖面，分别于 1984 年、1988 年、1994 年安装。这些测压管的过滤管均是安装在松散层中。观测数据表明，堤内水位与江水位同步性很好，特别是桩号 7+330 附近的 B 排测压管，平均水力坡降不到 1%。1997年 7 月上旬洪水涨水期，当外江水位低于 13.0m 时，桩号 7+330B 断面的测压管中，B5(距堤中心线 271m)测压管水位高于 B4(距堤中心线 171m)测压管水位，到外江水位高于 13.0m 后 B4 水位才逐渐高于 B5(图 6.4、图 6.5)。前已述及，这是一个值得关注的异常现象，这个异常是否与堤基断裂有关呢？基岩水与松散层

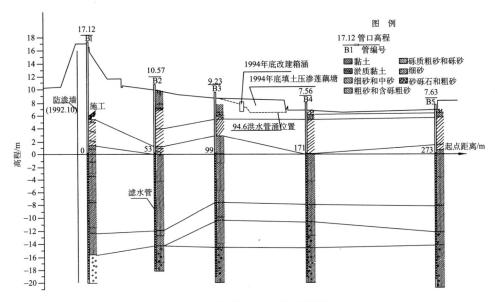

图 6.4　桩号 7+330 地质剖面

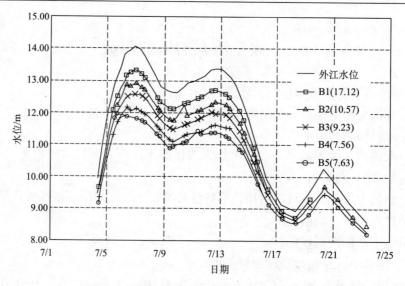

图 6.5　桩号 7+330 1997 年 B 排测压管过程线

水又是什么关系呢？因此，有必要观测堤基红层水位与江水、松散层水位之间的关系。分别在堤顶深孔 ZK18、ZK26 两侧各打两个浅孔(18-1、18-2 与 26-1、26-2)，其中 18、26 仅测基岩水位，18-1、26-1 仅测卵砾石层水位，18-2、26-2 仅测粉细砂层水位，而其附近的 19、20 两孔测混合水位。观测结果表明，各层水位与江水位相差无几，同步性非常好，说明基岩水与上覆松散层水及江水水力联系密切(图 6.6)。

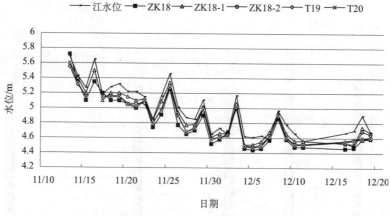

图 6.6　部分孔水位与江水位的关系(2000 年)

　　古近系红层形成时间较短，胶结差，粒间联结力相对薄弱，其溶蚀机制与普通石灰岩不同，即不是化学溶解为主、机械侵蚀为辅的作用，而是溶解与机械侵蚀同样重要，或后者居第一位，造成岩石解体，砂砾成为溶洞充填物。在断裂形成的基础上，由于堤内外水力联系非常密切，地下水交换非常迅速，且地下水流速也较大，形成了对断裂面这些薄弱环节的集中冲刷。形成冲刷、淘蚀，带走破碎物，进一步加剧冲刷、淘蚀的循环过程。沿规模较大的断裂带，更易形成冲刷带，对于规模较小的断裂或裂隙，形成较小的冲刷带。长此以往，便形成规模不一的集中通道或强渗漏带。当然这里还有相当多的区域没有形成冲刷带，仅是以溶孔、溶隙的形式出现。

一个简单的试验可支持这一点：将刚钻出的岩芯放在清水中，在岩芯表面用手来回搓洗，清水很快就变红起来。另外，在取样过程中发现，在探测到流速较大的溶洞附近，取出的水样是红色混浊的，而其他地方的水样则是清澈的。说明红层虽已成岩，但胶结弱，在水流冲刷下，易松散、易溶蚀。

由于地下水与江水水力联系非常密切，大气中的 CO_2 能够很顺利进入地下水。根据红层化学成分，系钙质、泥质胶结，含有较多的方解石成分，满足基岩红层性溶蚀的三个条件，使溶蚀成为可能。基岩溶蚀之后，其溶蚀物更易被水流带走，而较大的砂砾则充填在溶洞内。于是，在新构造断裂的基础上，溶蚀加剧红层通道的形成与规模的扩大，最终与堤内上覆松散层相连，基岩通道充当了连通器的功能：一边与江水联系，另一边与堤内地下水联系，形成倒虹吸现象。

广东自新近纪以来，除第四纪冰期气候较干冷外，长期为热带或亚热带季风气候，高温多雨和红层中可溶性碳酸盐是红层岩溶发育和裂隙溶洞水形成的外部和内部条件。以往把红层都当作一般碎屑岩，把红层地下水视为普通裂隙水或把红层视为不透水层，而没有注意到这部分红层岩溶的特殊性。在断裂控制下，经过物理冲刷、化学溶蚀作用，红层中形成集中渗漏通道是完全可能的，并已被钻探、同位素示踪探测所证实。

因此，在新构造断裂控制下，由于江水位变幅频繁，内外水力联系密切，在物理冲刷、化学溶蚀作用下，极易发育集中渗漏通道。这些作用对红层的影响在第 3 章已结合室内试验做了探讨。

6.4　集中渗漏通道的探测

6.4.1　地下水流速流向探测

为了进一步了解红层中溶洞的导水性，测量其中地下水的流速流向，并与松散层的流速相对比是很有必要的。为此，进行同位素示踪探测。将具有吸附特性的放射性同位素如 ^{131}I 投放到孔中，用示踪仪进行跟踪测量，可查出主要渗漏点、渗漏带、渗漏方向等。

10#孔(距堤脚 20m)放射性同位素探测结果表明，探测时江水位 7.42m，与孔内水位相同，但在红层中存在较强的垂向流，红层中溶洞附近的流速远大于其上的松散层中的流速，表明溶洞内的地下水是流动的。19#孔位于堤顶，探测时江水位 4.92m，孔水位 4.78m，也存在流速很强的地下水(图 6.7)。可见，溶洞上下的流

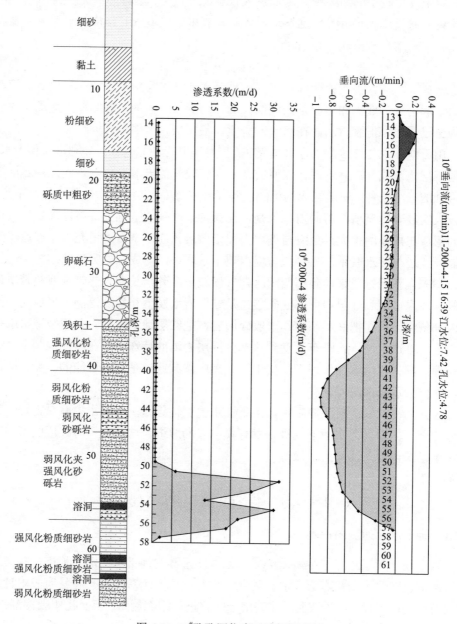

图 6.7　19#孔孔同位素示踪探测成果

速远大于其余的。同时顺便检测出了高喷墙的防渗效果：在孔深 33m 处成墙质量差，地下水流速较大。其余孔的流速分面参见河海大学完成的探测报告。由此可见，在基岩红层中的溶洞内，确实存在流速远大于上覆松散层的地下水。

通过装有 6 支探测器的流向探头在孔中进行核计数率测定。将 6 支探测器测定的结果进行运算，计数率为最大值的方向系流向方向。探测表明，红层中溶洞附近地下水流向振荡频繁，对比江水位涨落曲线，江水位上涨过程中，地下水流向堤内；相反，江水位下降过程中，地下水流向北江(图 2.3)。

6.4.2　水化学成分及环境同位素示踪探测

为进一步查清桩号 7+330 段堤内管涌屡治不止的原因，在堤内管涌最严重处(桩号 7+140～7+430)做了环境同位素和水化学分析试验。关于对试验数据的处理，人们常常采用的是定性分析方法，这种方法存在片面性，往往容易产生因人而异的结果。为将稳定同位素和水化学的分析定量化或半定量化，这里以钻孔及江水水样的化学成分及同位素成分为研究对象，以模糊数学为工具，分析堤后管涌的成因[242]。

环境同位素 δO 、δD 具有地下水 DNA 特性，分析管涌区水样环境同位素的组成可判断地下水的补给来源、地下水与地表水、不同地下水体之间的水力联系，同时可确定大气降水补给区的海拔，从而可推测是否存在影响堤坝管涌等的集中渗漏通道。由于 SO_4^{2-}、Cl^-、HCO_3^-、Ca^{2+}、Mg^{2+}、$Na^+ + K^+$、NO_3^-、SiO_2 等离子交换，地下水还能携带流经之处的围岩信息，从而确定地下水的径流。在 2001 年 7 月上旬出现的 12 m 的外江高水位情况下，在石角段管涌区及其附近的涌水点、观测孔、塘水、江水、村民水井等共取了 25 个水样，其中，在红层不同高程分别取了水样。

1. 模糊聚类分析

设有 N 个事物的总体以 X 表示，$\boldsymbol{X} = \{X_1, X_2, \cdots, X_i, \cdots, X_n\}$，每个事物抽取了 S 个特征，$\boldsymbol{X}_i = \{x_{i1}, x_{i2}, \cdots, x_{ij}, \cdots, x_{is}\}(i = 1, 2, \cdots, n)$，其中 x_{ij} 表示第 i 个事物第 j 个特征的观测值。所有观测值的全体构成论域矩阵 $\boldsymbol{X}$。对 $\boldsymbol{X}$ 中任意两事物标定其相似系数 $r_{ij} \in [0,1]$，其大小表征两事物彼此相似程度。r_{ij} 的全体构成一个模糊相似矩阵 $\underset{\sim}{\boldsymbol{R}} = (r_{ij})_{n \times n}$，通过模糊聚类传递闭包法确定相应的模糊等价矩阵 $\underset{\sim}{\boldsymbol{R}}^* = (r_{ij}^*)_{n \times n}$，然后进行聚类分析。$r_{ij}^*$ 的所有不同值按大小依次表示为 $\lambda_k (k = 1, 2, \cdots, m)$。$\forall \lambda \in [0,1]$，当 $\lambda = \lambda_k$ 时，若 $r_{ij}^* \geqslant \lambda$，则将 x_i 与 x_j 分为一类；若两个类的交不空，则称其是相连的，将所有相连的类合并，最后得到的分类即为 λ_k

水平上的等价分类。当所有事物全部归为一类时，分类结束。

本书中研究了某堤段 20 个钻孔水样及 2 个江水样，以下列 8 种离(分)子作为事物的全体：$X = \left\{ SO_4^{2-}, Cl^-, HCO_3^-, Ca^{2+}, Mg^{2+}, Na^+ + K^+, NO_3^-, SiO_2 \right\}$，每种离(分)子以 22 个不同水样分析值为特征(表 6.2)。

这里选取相关系数法来标定 r_{ij}，得到相应的模糊相似矩阵 $\underset{\sim}{\boldsymbol{R}} = (r_{ij})_{n \times n}$，进一步可得到模糊等价矩阵 $\underset{\sim}{\boldsymbol{R}}^* = (r_{ij}^*)_{n \times n}$。通过聚类可绘出如下的聚类图(图 6.8)。从图中可知，Ca^{2+} 与 HCO_3^- 首先聚为一类，相关系数 $r_{ij}^* = 0.98$，表明二者相关性最好；其次 Mg^{2+} 加入，r_{ij}^* 为 0.83；然后 Cl^- 与 SiO_2 另聚为一较小类，$r_{ij}^* = 0.84$；以上各个离(分)子当 $r_{ij}^* = 0.79$ 时聚为较大的一类；之后，$Na^+ + K^+$ 加入，$r_{ij}^* = 0.74$。另外，SO_4^{2-} 与 NO_3^- 另聚为一类，此时 $r_{ij}^* = 0.76$；最后当 $r_{ij}^* = 0.65$ 时，所有指标归为一类。至此模糊聚类完毕。

表 6.2　水质及环境同位素分析成果表

取样点	SO_4^{2-}	Cl^-	HCO_3^-	Ca^{2+}	Mg^{2+}	$Na^+ + K^+$	NO_3^-	SiO_2	δO	δD
T1	0.1	1.0	0.7	0.8	1.0	0.1	0.1	1.0	−6.33	−43.3
T2	0.1	1.2	0.8	0.8	0.8	0.6	0.1	0.8	−6.62	−43.8
T3	0.1	0.8	1.0	0.8	0.9	1.0	0.1	0.7	−6.30	−39.6
T4	0.1	0.8	0.7	0.7	0.6	0.3	0.2	0.8	−5.84	−37.00
T5	0.1	0.7	0.6	0.6	0.6	0.2	0.1	0.5	−6.49	−37.2
T6	0.1	0.4	0.3	0.2	0.5	0.2	0.1	0.5	−6.22	−42.8
BT7	1.0	0.5	0.6	0.8	0.5	0.2	0.8	0.3	−6.47	−42.8
T8	0.1	0.2	0.8	0.7	0.8	0.4	0.1	0.5	−6.03	−43.3
T11	0.2	0.3	1.0	1.0	0.8	0.2	0.7	0.5	−6.76	−42.5
T12	0.1	0.3	0.3	0.4	0.7	0.1	0.3	0.4	−9.39	−63.2
T14	0.1	0.1	0.3	0.3	0.5	0.1	0.1	0.4	−6.06	−36.9
T16	0.3	0.4	0.6	0.7	0.9	0.1	0.5	0.5	−6.39	−41.4
T21	0.1	0.4	0.5	0.5	0.5	0.1	0.8	0.5	−6.62	−46.0
T26	0.1	0.5	0.5	0.5	0.5	0.1	0.1	0.4	−6.64	−43.3
BB1	0.4	0.7	0.7	0.8	0.5	0.5	0.3	0.2	−6.21	−41.2
T9 管涌处	0.3	0.1	0.8	0.8	0.4	0.2	0.1	0.5	−8.11	−57.6
河水(1)	0.1	0.2	0.3	0.3	0.3	0.5	0.3	0.2	−8.95	−61.6
T9 边 4m 深泉水	0.3	0.1	0.8	0.8	0.5	0.2	0.1	0.5	−8.42	−54.8
T17	0.2	0.2	0.8	0.8	0.6	0.1	1.0	0.5	−6.13	−40.4
T13	0.1	0.3	0.9	0.8	0.8	0.1	0.1	0.3	−5.85	−37.6
T15	0.1	0.5	0.5	0.6	0.4	0.1	0.1	0.4	−5.84	−32.5
河水(2)	0.1	0.1	0.3	0.3	0.3	0.1	0.1	0.3	−6.92	−48.9

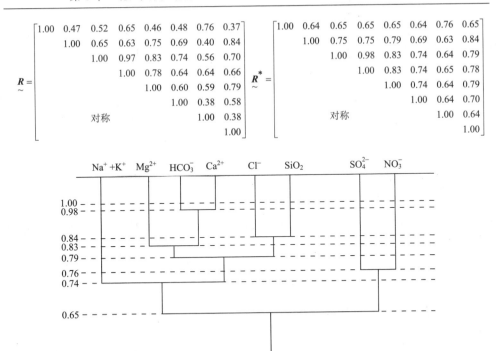

图 6.8　模糊聚类分析图

2. 主要离(分)子成因分析

在基岩为粉砂岩夹砾岩的堤段，地下水水化学特征表现为 Ca^{2+} 与 HCO_3^- 相关性很好；Mg^{2+} 与 Ca^{2+}、HCO_3^- 相关性较好；Cl^- 与 SiO_2 相关性次之，另聚一小类；$Na^+ + K^+$ 与以上离子相关性一般；SO_4^{2-} 与 NO_3^- 相关性一般，另聚为一小类；各离(分)子总体相关性较差。

分析原因有如下几点：

(1)基岩的矿物淋蚀是地下水中离(分)子的主要来源，地下水携带了流经基岩的化学信息。粉砂岩由碎屑物与胶结物组成，其中碎屑物为石英、长石及少量白云母、岩屑等，钙质胶结；胶结物占总量的 25%~30%，以方解石为主。因此方解石是 Ca^{2+} 与 HCO_3^- 的主要来源矿物，长石为地下水提供了绝大部分 $Na^+ + K^+$，SiO_2 的来源可能是基岩及松散砂砾层，Cl^-、SO_4^{2-} 与 NO_3^- 可认为是雨水从地表土壤中带入的。因此，堤内孔水及管涌水是基岩水与松散层水的混合，堤内管涌水除部分来源于松散层中的水，亦有部分来源于基岩水。

(2)地质勘查及钻孔电视表明，基岩局部透水性很强，大部分钻孔在弱风化带中多次出现掉钻(最大达 3.7m)或钻进突快现象，岩芯溶蚀严重，节理发育，连通性较好，这有利于地下水的运移。

(3)分析堤内测压管水位资料，堤内基岩水、松散层水与江水同步性很强，三者水力联系密切。

3. 环境同位素分析

当物质发生某种物理或化学转化时，在反应体系中，产物的同位素组成较之作用物的同位素组成，往往发生一些变化，即同位素的不同比例分配于产物和作用物中，这种现象称为同位素分馏，它存在于自然界中各种地质作用及地球化学作用之中。两物质间同位素分馏的程度可用同位素分馏系数来表征。同位素分馏包括同位素交换反应、瑞利分馏、同位素动力分馏、蒸发与凝聚过程中的同位素分馏，从而使大气降水中同位素组成呈现出有规律的变化。这些变化主要反映在这几方面：温度效应、纬度效应、大陆效应、高程效应、季节效应、降雨量效应及山体屏蔽效应。

受大气降水直接补给的地下水，其同位素组成应与大气降水一致。但大气降水中的同位素组成有季节变化，不同季节的大气降水对地下水的补给作用是不同的。此外，地下水在运移过程中将产生不容忽视的同位素分馏作用。如在径流非常缓慢的自流盆地中，有时会观察到氢、氧重同位素含量随地下水流向而增加的现象。在高温条件下，地下水与岩石之间的氢氧同位素交换，可使地下水的氢氧重同位素含量增加。因此，分析观察区水样的同位素组成可判断地下水的补给来源、地下水与地表水、不同地下水体之间的水力联系，同时可确定大气降水补给区的海拔，从而可推测是否存在影响堤坝管涌等的集中渗漏通道。

表 6.2 列出了该堤段管涌区环境同位素分析结果，图 6.9 绘出了管涌区附近 δD 值分布情况。从中可知，江水的 δD 值较当地降水呈明显贫化态势，这一事实被解释为高程效应。北江之水主要来源于北部山区的大气降水。考虑到典型的纬度效应产生的梯度：$-2.4/100m(\delta D)$ 及 $-0.25/100m(\delta O)$，补给到江水的平均降水海拔约 1000m。堤后两个管涌点(T9 附近)、T12 和 T18 底部(基岩段)与江水的同位素组成较为接近。

分析 δO 、δD 在各个水样的数据可知，堤后两个管涌点、T12 孔、T18 孔与江水存在较为密切的水力联系。这些水样的 δO 、δD 值较低，δO 为 $-66.3‰$～$-54.8‰$，而其他孔中水样的 δO 为 $-43.3‰$～$-36.9‰$。结合地质条件，这一现象被解释为该管涌多发地段在深部基岩中存在集中渗漏通道(中山大学通过遥感已探测到该部位存在次一级断层；德国同位素水文学专家 Palata 教授曾用这批水样进行了独立的数据分析，同样认为该部分存在断层，这一结论也为国际原子能机构(International Atomic Energy Agency，IAEA)专家 Pater Anderson 教授所认同)，堤后管涌点与江水正是通过这一渗漏通道存在较为密切的水力联系(图 6.9)。

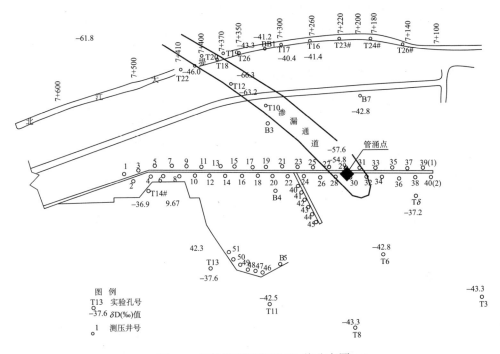

图 6.9　堤段管涌区附近 δD 值分布图

通过以上的水化学成分模糊聚类及环境同位素含量分析表明：

(1)该堤段基岩裂隙发育，存在强透水破碎带、溶孔溶隙，为地下水运移提供了载体。

(2)水化学模糊聚类分析表明，堤内管涌水部分来源于基岩水，与江水联系较为密切。

(3)环境同位素分析表明，基岩存在集中渗漏通道。

(4)水化学分析及环境同位素为探测地下基岩集中渗漏通道提供了有力的证据，与地质勘查结论相互印证，对下一步采取工程措施具有科学的指导意义。

(5)模糊数学聚类法具有其他数据工具不可比拟的优越性，它能够客观地揭露不同现象的内部规律，可在一定程度上避免因人而异的片面性。

6.4.3　温度场特征

将前述的 F3 断层(延伸于桩号 7+330 附近)作为平面热源，通过探测其周围基岩地下水温度场的变化分析断层的渗透性，并判断该断层对该堤段历年发生的渗水、冒砂以致决堤的影响[149]。

　　为调查北江石角堤段渗漏部位，在堤顶轴线和堤内坡分别设置了若干深入基岩的观测孔(图 6.10)。观测孔最深的 19#孔达 101m，最浅的 12#孔为 45m，其余各孔为 64～97m 不等。2000 年 2 月 28 日至 3 月 5 日江水位有一微幅升降过程，其中，2 月 28 日至 3 月 3 日中午为江水位下降期；3 月 3 日下午至 3 月 5 日为江水位上升期，并分别测量了这两个时期观测孔中水的温度分布。在江水位缓慢下降时，21#孔位置出现低温谷，其两侧的温度分布基本对称，且逐渐降低并向两侧扩展(图 6.11(a))，这与平面持续吸热热源作用下的温度分布一致(图 6.11(b))。低温水只能来自上覆松散层的孔隙水，因其温度较深部地下水温度低，这说明在江水位下降的同时，堤内地下水的水温也在下降，21#孔穿越断层，并在其南侧出

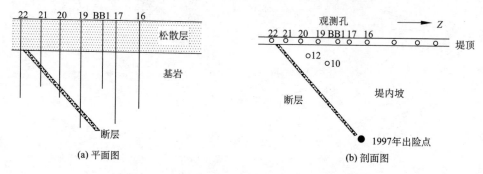

图 6.10　石角堤段观测孔出险点及断层位置示意图

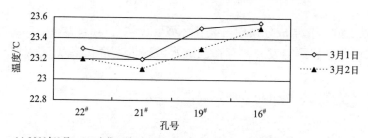

(a) 2000年3月1~2日水位下降时−42m 高程(60m 深)沿堤轴温度分布(江水位下降期)

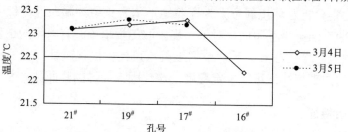

(b) 2000年3月4~5日水位上升时−42m 高程(60m 深)沿堤轴温度分布(江水位上升期)

图 6.11　沿堤顶轴线观测孔的温度变化

露基岩面。在江水位缓慢上升时，19#孔位置出现高温峰，其两侧温度基本对称，随着时间的推移，高温峰逐渐向北移，与平面持续放热热源作用下的温度分布一致。热源水只能来自深部的地下水，这说明在江水位上升的同时，堤内地下水的水温也在上升，深部地下水得到了经深循环后的江水补给，因而江水补给位置不在河流近堤处。此外，也说明断层穿越 19#孔的下部，向北西方向倾斜。断层位置和产状验证了 1997 年出险点恰好在断层的出露线上。由于卫星遥感判译图像的比例尺关系，仅提供了断层在基岩面的大体出露走向，且位置不够精确，更无法确定其空间状态。通过分析实测温度场既可确定断层的出露位置，也能确定其空间状态。断层附近若干观测孔不同深度的温度变化曲线见图 6.12。可见，温度并没有因水位下降而立即下降，而是在前期水位上升的影响消失后才开始下降，存在温度反应的滞后性。

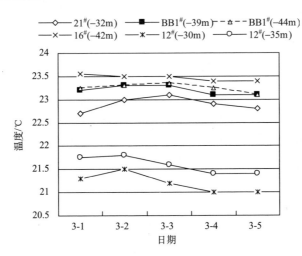

图 6.12　各观测孔温度变化图(2000 年)

北江水位微幅上升时，北江大堤石角段下的断层起到平面放热热源的作用；江水位微幅下降时，断层则起到平面吸热热源的作用，这说明大堤上覆孔隙潜水和基岩地下水经断层与江水存在着水力联系。在洪水期高水位作用下，断层将成为集中渗漏通道，对大堤松散层产生较大顶冲压力。

平面吸热热源产生的低温谷(在 21#孔附近)与平面放热热源产生的高温峰(在19#孔附近)处于不同的平面位置，表明断层向北倾斜。断层在堤顶基岩面上的出露位置处于 21#孔以南，结合卫星遥感图像及地表调查所确定的延伸方向，1997年大堤出险点位于断层在堤内坡的延伸出露位置上，可见，断层是该出险点发生严重喷水冒砂的原因。

6.4.4　连通试验

在验证通过上述方法确定的渗漏通道之间的连通性时，最传统和可靠的方法就是进行连通试验。连通试验是了解地下水来龙去脉的重要方法。

设地下水是稳定的一维流，示踪剂沿正的 x 方向运移，假设水流平均速度 v 为常数，基本微分方程为

$$\frac{\partial C}{\partial t} = \frac{\partial}{\partial x}\left(D\frac{\partial C}{\partial x}\right) - v\frac{\partial C}{\partial x} + \frac{1}{n}\frac{\partial g}{\partial t} \tag{6.1}$$

式中，D 为弥散系数；x 为示踪剂运移距离；v 为水流平均速度；C 为示踪剂浓度；t 为运移时间；g 为示踪剂质量；n 为系数。

方程式右边的第一项表示由弥散效应引起的示踪剂运动，第二项表示对流或总的水流引起的运动，最后一项说明由于化学作用而产生的示踪剂消失或增加。如果示踪剂采用相对非吸收性物质，它们在运移时与固体裂隙介质不发生化学作用，无消失和增加问题，则式(6.1)等号右边最后一项可忽略，可得

$$\frac{\partial C}{\partial t} = D\frac{\partial^2 C}{\partial x^2} - v\frac{\partial C}{\partial x} \tag{6.2}$$

由式(6.2)可知，示踪剂浓度随时间的变化与弥散系数和地下水的流速有关。由于示踪剂弥散的结果，它逐渐分散并占据着一定的范围，在地下水中的分布，理论上应为一顺水流方向拉长的椭圆形。在示踪剂弥散范围的中心，浓度最高，前后逐渐降低。因此，观测点所测得的浓度变化曲线应为两翼略具对称的单峰线（图 6.13）。

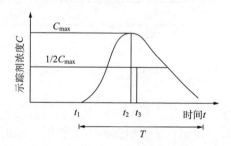

图 6.13　示踪剂浓度–时间的理论变化曲线

t 为示踪剂通过的时间；T 为测量时间间隔；t_1 为示踪剂初始到达时刻(对应最大流速)；t_2 为示踪剂浓度曲线峰值到达时刻；t_3 为示踪剂浓度曲线半峰值截弦的中点对应的时刻

为进一步验证 $19^\#\rightarrow10^\#\rightarrow9^\#$(管涌区)基岩中集中渗漏通道的客观存在，2006 年 6 月 27～30 日在 $19^\#$ 与 $10^\#$ 之间进行了连通试验，这期间江水位下降。基于前述对地下水流向的认识，江水位下降时若在 $10^\#$ 孔内投盐，则 $19^\#$ 孔内应能接收到而使电导值增大。2000 年 6 月 26～30 日江水位下降，27 日上午 10 时在 $10^\#$ 孔内

集中投入 20kg 食盐，使 T10#底部(55m 深，–38m 高程)为投源部位，19#孔在投盐前的电导本底值为 249 μS/cm(26 日 17 时测)，而投盐后仅 6 小时即 27 日 16 时 20 分，底部(100m 深，–83m 高程)电导率已升至 429 μS/cm，之后孔内电导的变化如图 6.14 所示。可以看出，孔底电导最大，向上逐渐减小，在孔底电导增加的同时上部也逐渐增大，这说明 T10#孔底的盐分是通过两孔底部的基岩通道流向 19#的，从而进一步证明了 19#—10#—9#管涌区基岩集中渗漏通道是客观存在的[243]。第 5 章数值模拟与实测资料的一致性也说明了基岩发育有集中渗漏通道。

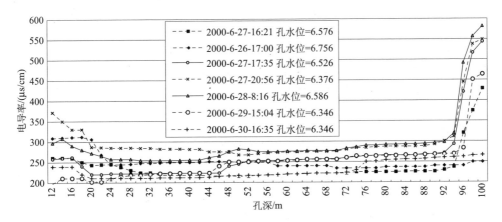

图 6.14　连通试验时 19#孔内电导值变化曲线

参 考 文 献

[1] 毛昶熙, 段祥宝, 毛佩郁. 江河大堤防洪现状与渗流防冲调研[J]. 人民黄河, 1998, 20(4): 29-31.

[2] 吕琳琳. 水利"十五"硕果累累[EB/OL]. [2005-12-30]. 浙江在线新闻网站. http://www.zjol. com.cn/05sn/system/2005/12/20/006410421.shtml.

[3] 张家发, 王满星, 丁金华, 等. 典型条件下堤身堤基渗流规律分析[J]. 长江科学院院报, 2000, 17(5): 23-27.

[4] Hagerty D J. Piping/sapping erosion. I: Basic considerations[J]. Journal of Hydraulic Engineering, ASCE, 1991, 117(8): 991-1008.

[5] Jones A. Soil piping and stream channel initiation[J]. Water Resources Research, 1971, 7(3): 602-610.

[6] Jones J A A. The initiation of natural drainage network[J]. Prog. Phys. Geography, 1987, 11(2): 207-245.

[7] Zaslavsky D, Sinai G. Surface hydrology: Parts I, II, III, IV and V[J]. Journal of Hydraulic Division, ASCE, 1981, 107(1): 1-93.

[8] Buckham A F, Cockfield W E. Gullies formed by sinking of the ground[J]. Am. J. Sci. , 1950, 248: 137-141.

[9] 叶合欣, 黄春华, 陈建生, 等. 北江大堤石角管涌多发段基岩地质条件分析[J]. 水文地质工程地质, 2003, 30(4): 76-78.

[10] 刘建刚, 陈建生. 基岩渗漏成因病险堤坝的两个典型实例[J]. 岩石力学与工程学报, 2003, 22(4): 683-688.

[11] Van Zyl D, Harr M E. Seepage erosion analysis of structures[A]//Proceeding of the 10th International Conference on Soil Mechanics and Foundation Engineering, Stockholm, Sweden, 1981, 1: 503-509.

[12] 吴良骥. 无粘性土管涌临界坡降的计算[J]. 水利水运科学研究, 1980, (4): 90-95.

[13] 沙金煊. 多孔介质中的管涌研究[J]. 水利水运科学研究, 1981, (3): 89-93.

[14] 陶同康. 土工合成材料与堤坝渗流控制[M]. 北京: 中国水利水电出版社, 1999.

[15] Kälin M. Hydraulic piping—theroretical and experimental findings[J]. Canadian Geotechnical Journal, 1977, 14(1): 107-124.

[16] Sellmeijer J B. Piping due to flow towards ditches and holes[A]//Proceedings of Euromech 143, Delft, Netherlands, 1981: 69-72.

[17] Sellmeijer J B. On the mechanism of piping under impervious structures[D]. The Netherlands: Delft University of Technology, 1988.

[18] de Wit J M, Sellmeijer J B, Penning A. Laboratory testing on piping[A]//Proceeding of the 10th International Conference on Soil Mechanics and Foundation Engineering, Stockholm, Sweden, Part 1, 1981: 517-520.

[19] Sellmeijer J B, Koenders M A. A mathematical model for piping[J]. Applied Mathematical Modelling, 1991, 15(11-12): 646-651.

[20] Koenders M A, Sellmeijer J B. Mathematical model for piping[J]. Journal of Geotechnical Engineering, 1992, 118(6): 943-946.

[21] 耶纳尔 H S, 刘东. 大坝的抗管涌加固设计[J]. 水利水电快报, 1994, (9): 6-9.

[22] 唐益群, 施伟华, 张先林. 关于流土和管涌的试验研究和理论分析[J]. 上海地质, 2003, (1): 25-31.

[23] Ojha C S P, Singh V P, Adrian D D. Determination of critical head in soil piping[J]. Journal of Hydraulic Engineering, 2003, 129(7): 511-518.

[24] Chugaev R R. Design and calculation of the underground profile of dam on pervious foundation[R]// Proc. of the 6th JCOLD, New York, Question No. 21, Paper R. 14, 1958, 2.

[25] 杨桂芳, 姚长宏. 长江干堤管涌研究现状及其发展趋势[J]. 江西地质, 2001, 15(1): 50-52.

[26] Terzaghi K. Der grundbruch an stauwerken und seine verhuetung[J]. Wasserkraft, 1922, (17): 445-449.

[27] Khosla A N, Bose N K, Taylor E M. Design of Weirs on Permeable Foundations[M]. New Delhi: Central Board of Irrigation, 1954.

[28] Casagrande A. Seepage through dams[J]. Journal of the New England Water Works Association, 1937, 51(2): 131-172.

[29] Reuss R F, Schattenberg J W. Internal piping and shear deformation, vitor braunig dam san Antonio, texas[C]//Proceedings, Specialty Conference on Permance of Earth and Earth-Supported Structures, ASCE, 1972: 627-652.

[30] Goodman R E, Sundaram P N. Permeability and piping in fractured rocks[J]. Journal of Geotechnical Engineering Division, ASCE, 1980, 106(5): 485-498.

[31] Brown D A, Derick R K. Piping Failure of a non-Dispersive Clay Dam[M]//Lovell C W, Wiltshire R L. Engineering Aspects of Soil Erosion, Dispersive Clays and Loess, Geotechnical Special Publication No. 10, ASCE, New York, 1987: 79-85.

[32] 王思敬. 坝基岩体工程地质力学分析[M]. 北京: 科学出版社, 1990: 2-15.

[33] Crosta G, di Prisco C. On slope instability induced by seepage erosion[J]. Canadian Geotechnical Journal, 1999, 36(6): 1056-1073.

[34] Petr P. Výskum filtračných porúch z hl'adiska stability dunajských hrádzí[J]. Geol. Pruzkum, 1974, 16: 199-203.

[35] 曹敦履. 渗流管涌的随机模型[J]. 长江科学院报, 1985, (2): 4-7.

[36] 曹敦履, 曹罡, 邹火元, 等. 水工建筑物渗流管涌的 Monte-Carlo 模拟[J]. 人民长江, 1997, 28(6): 11-13.

[37] Springer F M, Ullrich C R, Hagerty D J. Streambank stability[J]. J Geothch Engrg, ASCE, 1985, 111(5): 624-640.

[38] Howard A D, McLane C F. Erosion fo cohesionless sediment by groundwater seepage[J]. Water Resources Research, 1988, 24(10): 1659-1674.

[39] Kézdi Á. Soil Physics: Selected Topics[M]. Amsterdam: Elsevier, 2013.

[40] Aberg B. Washout of grains from filtered sand and gravel materials[J]. Journal of Geotechnical

Engineering, 1993, 119(1): 36-53.

[41] Khilar K C, Fogler H S, Gray D H. Model for piping-plugging in earthen structures[J]. Journal of Geotechnical Engineering, 1985, 111(7): 833-846.

[42] 刘杰. 土的渗透稳定与渗流控制[M]. 北京: 水利电力出版社, 1992: 56-57.

[43] 水利水电工程地质勘察规范: GB 50287−2008 [S]. 北京: 中国计划出版社, 2009: 110-113.

[44] 毛昶熙, 段祥宝, 毛佩郁. "98.8"洪水江堤险性两个科研问题[J]. 中国水利, 1998, (8): 33-34.

[45] 刘忠玉. 无粘性土中管涌的机理研究[D]. 兰州: 兰州大学, 2001.

[46] 刘忠玉. 无粘性土中管涌的临界水头梯度研究[J]. 郑州大学学报(工学版), 2003, (4): 67-71.

[47] 刘忠玉, 乐金朝, 苗天德. 无粘性土中管涌的毛管模型及其应用[J]. 岩石力学与工程学报, 2004, 23(22): 3871-3876.

[48] 刘忠玉, 苗天德. 无粘性管涌型土的判定[J]. 岩土力学, 2004, 25(7): 1072-1076.

[49] Skempton A W, Brogan J M. Experiments on piping in sandy gravels[J]. Geotechnique, 1994, 44(3): 449-460.

[50] 陆培炎. 评定渗流管涌公式[J]. 岩土力学, 2001, 22(4): 389-394.

[51] 陈建生, 李兴文, 赵维炳. 堤防管涌产生集中渗漏通道机理与探测方法研究[J]. 水利学报, 2000, (9): 48-54.

[52] 刘建刚, 陈建生, 赵维炳. 典型堤基渗漏的完整井管涌模型及其涌砂影响范围的估算[J]. 工程勘察, 2002, (4): 26-27, 31.

[53] 滕凯, 康百赢. 关于堤坝管涌计算方法的进一步研究[J]. 岩土工程技术, 2003, (1): 11-15.

[54] 陈建生, 刘建刚, 焦月红. 接触冲刷发展过程模拟研究[J]. 中国工程科学, 2003, 5(7): 33-39.

[55] 沙金煊. 预测堤防背侧管涌的一种方法[J]. 水利水运工程学报, 2003, (4): 57-59.

[56] 张我华, 余功栓, 蔡袁强. 堤与坝管涌发生的机理及人工智能预测与评定[J]. 浙江大学学报(工学版), 2004, 38(7): 902-908.

[57] 周健, 张刚. 管涌现象研究的进展与展望[J]. 地下空间, 2004, 24(4): 536-542.

[58] 毛昶熙, 段祥宝, 蔡金傍, 等. 堤基渗流无害管涌试验研究[J]. 水利学报, 2004, 35(11): 46-53.

[59] 毛昶熙, 段祥宝, 蔡金傍, 等. 堤基渗流管涌发展的理论分析[J]. 水利学报, 2004, 35(12): 46-50.

[60] 毛昶熙, 段祥宝, 蔡金傍, 等. 北江大堤典型堤段管涌试验研究与分析[J]. 水利学报, 2005, 36(7): 818-824.

[61] 刘杰, 崔亦昊, 谢定松. 关于堤基渗流无害管涌试验研究的讨论[J]. 水利学报, 2005, 36(11): 1392-1395.

[62] 茹建辉. 关于堤基渗流无害管涌试验研究的讨论(续)[J]. 水利学报, 2006, 37(6): 764-766.

[63] 周红星, 曹洪, 林洁梅. 管涌破坏机理模型试验覆盖层模拟方法的影响研究[J]. 广东水利水电, 2005, (2): 6-7.

[64] 李守德, 徐红娟, 田军. 均质土坝管涌发展过程的渗流场空间性状研究[J]. 岩土力学, 2005, (12): 2001-2004.

[65] 蒋严, 蒋欢. 土体渗透稳定性的填充系数分析计算方法[J]. 岩土工程学报, 2006, 28(3): 372-376.

[66] Louis C. Rock Hydraulics in Rock Mechanics[M]. New York: Springer-Verlag, 1974: 15-21.

[67] Lomize G M. Flow in Fractured Rocks[M]. Moscow: Gosenergoizdat, 1951: 4-14.

[68] Romm E S. Flow characteristics of Fractured Rocks[M]. Moscow: Nedra, 1966: 34-41.

[69] Louis C. A study of groundwater flow in jointed rock and its influence on the stability of rock masses[R]. Rock Mech Res Rep 10, Imp Coll, London, 1969: 91-98.

[70] Neuzil C E, Tracy J V. Flow through fractures[J]. Water Resources Research, 1981, 17(1): 191-199.

[71] Walsh J B. Effect of pore pressure and confining pressure on fracture permeability[J]. Int J Rock Mech Min Sci & Geomech Abstr, 1981, 18(5): 429-435.

[72] Tsang Y W, Witherspoon P A. Hydromechanical behavior of a deformable rock fracture subject to normal stress[J]. J of Geophys Research, 1981, 86(B10): 9287-9298.

[73] Tsang Y W, Witherspoon P A. The dependence of fracture mechanical and fluid flow properties on fracture roughness and sample size[J]. J of Geophys Research, 1983, 88(B3): 2359-2366.

[74] Tsang Y W. The effect of tortuosity on fluid flow through a single fracture[J]. Water Resources Research, 1984, 20(9): 1209-1215.

[75] Elsworth D, Goodman R E. Characterization of rock fissure hydraulic conductivity using idealized wall roughness profiles[J]. Int J Rock Mech Min Sci & Geomech Abstr, 1986, 23(3): 233-243.

[76] Barton N, Bandis S, Bakhtar K. Strength, deformation and conductivity coupling of rock joints[J]. Int J Rock Mech Min Sci & Geomech Abstr, 1985, 22(3): 121-140.

[77] 周创兵, 熊文林. 岩石节理的渗流广义立方定理[J]. 岩土力学, 1996, 17(4): 1-7.

[78] 速宝玉, 詹美礼, 张祝添. 充填裂隙渗流特性实验研究[J]. 岩土力学, 1994, 15(4): 46-52.

[79] Pruess K, Tsang Y W. On two-phase relative permeability and capillary pressure of rough-walled rock fractures[J]. Water Resources Research, 1990, 26(9): 1915-1926.

[80] Kwicklis E M, Healy R W. Numerical investigation of steady liquid water flow in a variably saturated fracture network[J]. Water Resources Research, 1993, 29(12): 4091-4102.

[81] Glass R J, Nicholl M J, Yarrington L. A modified invasion percolation model for low-capillary number immiscible displacement in horizontal rough-walled fractures: Influence of local in-place curvature[J]. Water Resources Research, 1998, 34(12): 3215-3234.

[82] 周创兵, 叶自桐, 熊文林. 岩石节理非饱和渗流特性研究[J]. 水利学报, 1998, (3): 22-25.

[83] 速宝玉, 詹美礼, 王媛. 裂隙渗流与应力耦合特性的试验研究[J]. 岩土工程学报, 1997, 19(4): 73-77.

[84] Hicks T W, Pine R J, Willis-Richards J, et al. A hydro-thermo-mechanical numerical model for HDR geothermal reservoire valuation[J]. Int J Rock Mech Min Sci & Geomech Abstr. , 1996, 33(5): 499-511.

[85] 赵阳升, 杨栋, 郑少河, 等. 三维应力作用下岩石裂缝水渗流特性规律的实验研究[J]. 中国科学, 1999, 29(1): 82-86.

[86] 王媛. 单裂隙面渗流与应力的耦合特性[J]. 岩石力学与工程学报, 2002, 21(1): 83-87.

[87] 田开铭. 裂隙水交叉流的水力特性[J]. 地质学报, 1986, (2): 90-102.

[88] Tsang Y W, Tsang C F. Channel model of flow through fractured media[J]. Water Resources Research, 1987, 23(3): 467-479.

[89] 杨太华. 发展中的岩体水力学[J]. 大自然探索, 1994, (4): 98-102.

[90] 汤连生, 周萃英. 渗透与水化学作用之受力岩体的破坏机理[J]. 中山大学学报(自然科学版), 1996, (6): 95-100.

[91] 王媛, 徐志英, 速宝玉. 裂隙岩体渗流与应力耦合分析的四自由度全耦合法[J]. 水利学报, 1998, (7): 55-59.

[92] 钱海涛, 秦四清, 马平. 重力坝坝基沿软弱结构面滑动失稳的非线性机制[J]. 工程地质学报, 2006, 14(3): 307-313.

[93] Flühler H, Ursino N, Bundt M, et al. The preferential flow syndrome—A buzzword or a scientific problem[C]//Preferential Flow: Water Movement and Chemical Transport in the Environment. American Society of Agricultural and Biological Engineers, 2001: 21.

[94] Ritsema C J, Dekker L W, Hendrickx J M H, et al. Preferential flow mechanism in a water repellent sandy soil[J]. Water Resources Research, 1993, 29(7): 2183-2193.

[95] 刘建立, 朱学愚, 钱孝星. 中国北方裂隙岩溶水资源开发和保护中若干问题的研究[J]. 地质学报, 2000, 74(4): 344-352.

[96] 周念清, 钱家忠. 中国北方岩溶区优势面控水机理及优势参数的确定与应用[J]. 地质论评, 2001, 47(2):151-156.

[97] 倪宏革, 罗国煜. 地下开采中优势面控灾机理分析[J]. 地质论评, 2000, 46(1): 71-78.

[98] 倪宏革, 罗国煜. 地下开采中优势面控水控稳机制分析[J]. 工程地质学报, 2000, 8(3): 316-319.

[99] 孙峰根, 王心义, 罗绍河, 等. 基岩水文地质学[M]. 北京: 中国矿业大学出版社, 1996.

[100] 曹敦履, 范中原. 软弱层(带)的渗流稳定性[J]. 长江水利水电科学研究院院报, 1986, (2): 61-69.

[101] Henley S. Catastrophe theory models in geology[J]. Mathematical Geology, 1976, 8(6): 649-655.

[102] 曲永新, 单世桐, 徐晓岚, 等. 某水利工程泥化夹层的形成及变化趋势的研究[J]. 地质科学, 1977, (4): 363-371.

[103] 项伟. 粘粒含量对泥化夹层抗剪强度的影响[J]. 兰州大学学报(自然科学版), 1984, 20(3): 121-125.

[104] 赖国伟, 王宏硕, 陆述远, 等. 具有软弱结构面坝基的抗滑稳定分析[J]. 武汉水利电力学院学报, 1987, (4): 1-10.

[105] 张咸恭, 聂德新, 朝文峰. 围压效应与软弱夹层泥化的可能性分析[J]. 地质论评, 1990, 36(2): 160-167.

[106] 聂德新, 符文熹, 任光明, 等. 天然围压下软弱层带的工程特性及当前研究中存在的问题分析[J]. 工程地质学报, 1999, 7(4): 298-302.

[107] 孙万和, 杨连生, 慎乃齐, 等. 葛洲坝坝基层间剪切带的模拟研究[J]. 武汉水利电力学院学报, 1991, 24(5): 495-502.

[108] 吴彰敦. 坝基深层坑滑极限平衡分析的改进[J]. 红水河, 1992, 11(2): 17-22.

[109] 张倬元, 聂德新, 刘家铎, 等. 金沙江向家坝水电站坝址岩石及软弱夹层研究[M]. 成都: 成都科技大学出版社, 1993: 117-129.

[110] 黄润秋, 许强. 突变理论在工程地质中的应用[J]. 工程地质学报, 1993, 1(1): 65-73.

[111] 胡卸文. 金沙江溪洛渡水电站坝区软弱层带的工程地质系统研究[D]. 成都: 成都理工学院, 1995.

[112] 范华. 张河湾抽水蓄能电站上库坝基软弱夹层稳定性试验研究[J]. 水利水电技术, 1997, 28(10): 5-9.

[113] 王来贵, 张永利, 章梦涛, 等. 含有结构面的岩石试件力学系统滑动稳定性[J]. 阜新矿业学院学报, 1997, 16(4): 389-392.

[114] 马良荣, 王燕昌. 含有软弱结构面的岩体非线性边界元分析[J]. 宁夏大学学报(自然科学版), 1999, 20(1): 42-44.

[115] 钱保国, 吴彰敦. 坝基深层抗滑稳定可靠度分析蒙特卡罗方法[J]. 红水河, 2000, 19(4): 21-25.

[116] 李瓒, 龙云霄. 重力坝、拱坝基础岩体抗滑稳定性分析中一些问题的探讨[J]. 水利学报, 2000, (8): 39-45.

[117] 郭磊, 咸付生, 张晓燕. 汾河二库坝基软弱结构面的工程地质特征[J]. 山西水利科技, 2000, (1): 27-29.

[118] 施建新. 不同施工状态坝基层间剪切带松弛变形机理初探[J]. 水电站设计, 2001, 17(3): 70-72.

[119] Al-Homoud A S, Tanash N. Modeling uncertainty in stability analysis for design of embankment dams on difficult foundations[J]. Engineering Geology, 2004, 71(3-4): 323-342.

[120] 边义成, 缑斌. 洮河九甸峡水利枢纽工程软弱结构面现场抗剪试验[J]. 甘肃水利水电技术, 2001, 37(1): 45-50.

[121] 柴贺军, 刘浩吾, 王忠. 改进的进化遗传算法在软弱结构面力学参数选取中的应用[J]. 成都理工学院学报, 2001, 28(4): 421-424.

[122] 张嘉晔, 徐维国. 万家寨水利枢纽坝基层间剪切带处理[J]. 中国水利, 2002, 38(5): 59-60.

[123] 袁天华, 席福来, 努尔哈斯木. 新疆某水利枢纽工程软弱结构面抗剪强度参数的试验研究[J]. 岩土力学, 2003, (S1): 223-226.

[124] 唐良琴, 聂德新, 任光明. 软弱结构面粒度成分与抗剪强度参数的关系探讨[J]. 工程地质学报, 2003, 11(2): 143-147.

[125] 吉林, 赵启林, 冯兆祥, 等. 软弱夹层与结构面的力学参数反演[J]. 水利学报, 2003, (11): 107-111.

[126] 周翠英, 邓毅梅, 谭祥韶, 等. 软岩在饱水过程中水溶液化学成分变化规律研究[J]. 岩石力学与工程学报, 2004, 23(22): 3813-3817.

[127] 王建国, 王振伟, 王来贵, 等. 受控于软弱结构面的矿山软岩边坡稳定性[J]. 辽宁工程技术大学学报, 2006, 25(5): 686-688.

[128] 李卫中, 刘庆华. 南水北调中线辉县东河暗渠软弱结构面的性质[J]. 河南水利与南水北调, 2006, (9): 57.

[129] 何继善. 堤防渗漏管涌"流场法"探测技术[J]. 铜业工程, 2000, (1): 5-8.

[130] 李富强, 王钊. 堤坝隐患探测技术综述[J]. 人民黄河, 2004, 26(10): 15-17.

[131] 樊哲超. 堤坝渗漏的综合示踪方法理论研究与工程应用[D]. 南京: 河海大学, 2006: 2.

[132] 叶合欣, 戴呈祥, 彭殿坚, 等. 某船闸底板渗漏地质雷达探测及防渗措施研究[C]//段祥宝, 谢兴华, 速宝玉. 第5届全国水利工程渗流学术研讨会论文集[M]. 郑州: 黄河水利出版社,

2006: 386-390.

[133] Mook W, Rozanski K. Environmental isotopes in the hydrological cycle[J]. IAEA Publish, 2000, 39.

[134] Plata A, Torres A, Perez O. Estudio de las Filtraciones de la Presa de Sabaneta[M]. Vienna: Republica Dominicana, 1989.

[135] Cartwright K, McComas M R. Geophysical surveys in the vicinity of sanitary landfills in Northeastern Illinois[J]. Ground Water, 1968, 6(5): 23-30.

[136] Fischer H B, List E J, Koh R C Y, et al. Mixing in Inland and Coastal Waters [M]. New York: Academic Press, 1979.

[137] Birman J H Esmilla A B, Indreland J B. Thermal monitoring of leakage through dams[J]. Geological Society of America Bulletin, 1971, 82(8): 2261-2284.

[138] Koerner R M, Reif J S, Burlingame M J. Detection methods for location of subsurface water and seepage[J]. Journal of Geotechnical and Geoenvironmental Engineering, 1979, 105(11): 1301-1316.

[139] Welch L. Thermal monitoring of seepage at Fontenelle dam[A]//Proceedings of the International Conference on Hydropower—Waterpower. Atlanta, GA, USA: ASCE, New York, NY, USA, 1997: 786.

[140] H. H. 叶尔马科娃, 刘正启. 皮罗戈夫斯克水利枢纽渗透的温度观测[J]. 水利水电快报, 2003, 24(8): 20-22.

[141] Ge S. Estimation of groundwater velocity in localized fracture zones from well temperature profiles[J]. Journal of Volcanology and Geothermal Research, 1998, 84(1-2): 93-101.

[142] Becker M W, Georgian T, Ambrose H, et al. Estimating flow and flux of groundwater discharge using water temperature and velocity[J]. Journal of Hydrology, 2004, 296(1-4): 221-233.

[143] Anderson M P. Heat as a ground water tracer[J]. Ground Water, 2005, 43(6): 951- 968.

[144] 王志远, 王占锐, 王燕. 一项渗流监测新技术——排水孔测温法[J]. 大坝观测与土工测试, 1997, 21(4): 5-7.

[145] 刘宁, 柯庆清, 阎旭. 重力坝的随机温度场初探[J]. 河海大学学报, 2000, 28(3): 7-13.

[146] 张键, 葛社民, 许鹤华, 等. 利用井温分布估算莺-琼盆地地下流体运移速度[J]. 地质力学学报, 2000, 6(2): 1-5.

[147] 陈建生, 余波, 陈亮. 利用地下水温度场研究江都高水河船厂段堤防的渗漏[J]. 岩土工程界, 2002, 5(12): 37-39.

[148] 刘建刚, 陈建生. 平面热源法在北江石角段堤基渗漏分析中的应用[J]. 水利水运工程学报, 2002, (3): 63-65.

[149] 周志芳, 王锦国. 河流峡谷区地下水温度异常特征分析[J]. 水科学进展, 2003, 14(1): 62-66.

[150] 李端有, 陈鹏霄, 王志旺. 温度示踪法渗流监测技术在长江堤防渗流监测中的应用初探[J]. 长江科学院院报, 2000, 17(z1): 48-51.

[151] 董海洲, 陈建生. 利用孔中温度场分布确定堤坝渗透流速的热源法模型研究[J]. 水文地质工程地质, 2003, (5): 40-43.

[152] 董海洲, 陈建生. 利用温度示踪方法探测基坑渗漏[J]. 岩石力学与工程学报, 2004, 23(6): 2085-2090.

[153] 董海洲, 陈建生. 堤坝管涌渗漏持续线热源模型研究[J]. 科技导报, 2006, 24(2): 50-52.

[154] 王新建. 堤坝集中渗漏温度场探测模型及数值实验[D]. 南京: 河海大学, 2006: 11-18.

[155] 董海洲. 堤坝渗漏热源法及示踪理论研究[D]. 南京: 河海大学, 2004.

[156] Witherspoon P A, Wang J S Y, Iwai K, et al. Validity of cubic law for fluid flow in deformable rock fracture[J]. Water Resources Research, 1980, 16(6): 1016-1024.

[157] Noorishad J, Ayatollahi M S, Witherspoon P A. A finite-element method for coupled stress and fluid flow analysis in fractured rock masses[J]. Int J Rock Mech Min Sci ＆ Geomech Abstr. , 1982, 19(4): 185-193.

[158] 叶合欣, 陈建生, 李兴文. 水质模糊聚类及环境同位素在探测某堤基渗漏通道中的应用[J]. 工程勘察, 2005, (1): 22-25.

[159] 叶合欣, 陈建生, 李兴文. 同位素水文学示踪法在探测堤坝渗漏研究中的应用[J]. 西部探矿工程, 2006, (5): 28-31.

[160] 樊哲超, 陈建生, 董海洲, 等. 应用环境同位素和模糊聚类方法研究堤防渗漏[J]. 水利水电科技进展, 2005, 25(2): 8-10.

[161] Craig H. Isotopic variations in meteoric waters[J]. Science, 1961, 133(3465): 1702-1703.

[162] 叶合欣, 陈建生, 彭惠文. 弹簧压卡式取水器: 200520061353.9[P]. 2006-10-18.

[163] Kading H W. Horizontal-spinner, a new production logging technique[J]. The Log Analyst XVII, 1976, (5): 3-7.

[164] Mares S. Einsatz geophysikalischer Bohrlochmesungen in Sedimenten fuer die Zwecke hydrogeologischer Untersuchungen[J]. Geophysik und Geologie, 1997, 1(3): 63-73.

[165] Momii K, Jinno K, Hirano F. Laboratory studies on a new laser Doppler velocimeter system for horizontal ground water velocity measurement in a borehole[J]. Water Resources Research, 1993, 29(2): 283-291.

[166] Kearl P M. Observations of particle movement in a monitoring well using the colloidal borescope[J]. Journal of Hydrology, 1997, 200(1-4): 323-344.

[167] Wilson J T, Mandell W A, Paillet F L, et al. An evaluation of borehole flowmeters used to measure horizontal ground water flow in limestones of Indiana, Kentucky, and Tennessee, 1999[R]. USGS Water Resources Investigation Report, Indianapolis, Indiana: USGS Water Resources of Indiana, 2001: 01-4139.

[168] Pitrak M, Mares S, Kobr M. A simple borehole dilution technique in measuring horizontal ground water flow[J]. Ground Water, 2007, 45(1): 89-92.

[169] 刘光尧, 陈建生. 同位素示踪测井[M]. 南京: 江苏科学技术出版社, 1999: 2-56.

[170] Ogilvi N A. Electrolytic method for the determination of the ground water filtration velocity（in Russian）[A]//Bulletin of Science and Technology News, Moscow, Russia: Gosgeoltehizdat, 1958, (4).

[171] Halevy E, Moser H, Zellhofer O, et al. Borehole dilution techniques: A critical review[A]// Proceedings of the symposium on Isotopes in Hydrology[C]. Vienna: IAEA, 1967: 531-564.

[172] Schneider H. Die Wassererschließung[M]. Essen: Vulkan-Verlag, 1973.

[173] Drost W, Moser H, Neumaier F, et al. Isotope methods in ground water science[A]//Fritz P, Fontes J C. European Atomic Energy Commission Report EURISOTOP 61[C]. Brussels: Bureau EURISOTOP, 1972, (16): 1-178.

[174] Drost W D, Klotz D, Koch A, et al. Point dilution methods of investigating ground water flow by means of radioisotopes [J]. Water Resources Research, 1968, 4(1): 125-146.

[175] 唐金荣. 单孔稀释法公式中 α 系数的数学分析[J]. 勘察科学技术, 1989, (3): 33-38.

[176] Moser H, Neumaier F, Rauert W. Die Anwendung radioaktiver Isotopen in der Hydrologie[J]. Atomkernenergie, 1957, 1: 26-34.

[177] Tsang C F, Hufschmied P, Hale F V. Determination of fracture inflow parameters with a borehole fluid conductivity logging method[J]. Water Resources Research, 1990, 26(4): 561-578.

[178] Paillet F L, Pedler W H. Integrated borehole logging methods for wellhead protection applications[J]. Engineering Geology, 1996, 42(2-3): 155-165.

[179] Zboril A, Mares S. Photometry in the solution of complicated conditions in hydrologic wells[J]. Journal for Mineralogy and Geology, 1971, 16(2): 113-131.

[180] Mares S, Zboril A. Dilution technique in the logging variant: State of the art[A]//Environmental and Engineering Geophysics, Proceedings of the 1st EEGS-ES Meeting, Torino: Environmental and Engineering Geophysical Society European Section, 1995: 115-118.

[181] Germán-Heins J, Flury M. Sorption of Brilliant Blue FCF in soils as affected by pH and ionic strength[J]. Geoderma, 2000, 97(1-2): 87-101.

[182] Wurzel P. Updated radioisotope studies in Zimbabwean ground waters[J]. Ground Water, 1983, 21(5): 597-605.

[183] Hall S H. Single well tracer tests in aquifer characterization[J]. Ground Water Monitoring and Remediation, 1993, 13(2): 118-124.

[184] Ronen D, Magaritz M, Paldor N, et al. The behavior of groundwater in the vicinity of the water table evidenced by specific discharge profiles[J]. Water Resources Research, 1986, 22(8): 1217-1224.

[185] Ronen D, Magaritz M, Molz F J. Comparison between natural and forced gradient tests to determine the vertical distribution of horizontal transport properties of aquifers[J]. Water Resources Research, 1991, 27(6): 1309-1314.

[186] Ronen D, Berkowitz B, Magaritz M. Vertical heterogeneity in horizontal components of specific discharge: Case study analysis[J]. Ground Water, 1993, 31(1): 33-40.

[187] Gustafsson E, Andersson P. Groundwater flow conditions in a low-angle fracture zone at Finnsjön, Sweden[J]. Journal of Hydrology, 1991, 126(1-2): 79-111.

[188] Gutiérrez M G, Guimera J, de Llano A Y, et al. Tracer test at El Berrocal site[J]. Journal of Contaminant Hydrology, 1997, 26(1-4): 179-188.

[189] Sanford W E, Moore G K. Measurement of specific discharge with point-dilution tests in the fractured rocks of Eastern Tennessee[A]//Proceedings of Extended Abstracts, American Water Resources Association, Annual Spring Symposium in Nashville, Tennessee, Nashville, Tennessee: American Water Resources Association. Rotterdam: A. A. Balkema Publishers,

1994: 449-453.

[190] Jardine P M, Sanford W E, Gwo J P, et al. Quantifying diffusive mass transfer in fractured shale bedrock[J]. Water Resources Research, 1999, 35(7): 2015-2030.

[191] Novakowski K S, Lapcevic P A, Voralek J, et al. Preliminary interpretation of tracer experiments conducted in a discrete rock fracture under conditions of natural flow[J]. Geophysical Research Letters, 1995, 22(11): 1417-1420.

[192] Novakowski K, Bickerton G, Lapcevic P, et al. Measurements of groundwater velocity in discrete rock fractures[J]. Journal of Contaminant Hydrology, 2006, 82(1-2): 44-60.

[193] Moore Y H, Stoesell R K, Easley D H. Fresh-water/sea-water relationship within a ground-water flow system, northern coast of the Yucatan Peninsula[J]. Ground Water, 1992, 30(3): 343-350.

[194] Riemann K, van Tonder G, Dzanga P. Interpretation of single-well tracer tests using fractional-flow dimensions. Part 2: A case study[J]. Hydrogeology Journal, 2002, 10(3): 357-367.

[195] Bernstein A, Adar E, Yakirevich A, et al. Dilution tests in a low-permeability fractured aquifer: matrix diffusion effect[J]. Ground Water, 2007, 45(2): 235-241.

[196] 中华人民共和国国家质量监督检验检疫总局, 中华人民共和国建设部. 供水水文地质勘察规范 GB 50027−2001[S]. 北京: 中国计划出版社, 2001: 17.

[197] Wilson R D, Mackay D M. The use of sulfur hexafluoride as a conservative tracer in saturated sandy media[J]. Ground Water, 1993, 31(5): 719-724.

[198] Clark J F, Schlosser P, Stute M, et al. SF_6-^{3}He tracer release experiment: A new method of determining longitudinal dispersion coefficients in large rivers[J]. Environmental Science and Technology, 1996, 30(5): 1527-1532.

[199] Gamlin F D, Clark J F, Woodside G, et al. Large-scale tracing of ground water with sulfur hexafluoride[J]. Journal of Environmental Engineering, 2001, 127(2): 171-174.

[200] Ptak T, Schmid G. Dual-tracer transport experiments in a physically and chemically heterogeneous porous aquifer: Effective transport parameters and spatial variability[J]. Journal of Hydrology, 1996, 183(1-2): 117-138.

[201] Corbett D R, Dillon K, Burnett W. Tracing groundwater flow on a barrier island in the north-east Gulf of Mexico[J]. Estuarine, Coastal and Shelf Science, 2000, 51(2): 227-242.

[202] Harden H S, Chanton J P, Rose J B, et al. Comparison of sulfur hexafluoride, fluorescein and rhodamine dyes and the bacteriophage PRD-1 in tracing subsurface flow[J]. Journal of Hydrology, 2003, 277(1-2): 100-115.

[203] Chua L H C, Robertson A P, Yee W K, et al. Use of fluorescein as a ground water tracer in brackish water aquifers[J]. Ground Water, 2007, 45(1): 85-88.

[204] Sabatini D A, Austin T A. Characteristics of rhodamine WT and fluorescein as adsorbing ground-water tracers[J]. Ground Water, 1991, 29(3): 341-349.

[205] Kasnavia T, Vu D, Sabatini D. Fluorescent dye and media properties affecting sorption and tracer selection[J]. Ground Water, 1999, 37(3): 376-381.

[206] Sutton D J, Kabala Z F, Francisco A, et al. Limitations and potential of commercially available

rhodamine WT as a ground water tracer[J]. Water Resources Research, 2001, 37(6): 1641-1656.

[207] 陈建生, 董海洲. 井中测定流速广义示踪稀释物理模型[J]. 水利学报, 2002, (9): 100-107.

[208] 樊哲超, 陈建生, 董海洲, 等. 广义示踪稀释模型中水平渗速计算公式再讨论[J]. 岩土工程学报, 2006, 28(4): 432-435.

[209] West L J, Odling N E. Characterization of a multilayer aquifer using open well dilution tests[J]. Ground Water, 2007, 45(1): 78-84.

[210] 陈建生, 杜国平, 郑正, 等. 多含水层稳定流非干扰多孔混合井流理论及示踪测井方法[J]. 水利学报, 1997, (5): 60-65.

[211] 陈建生, 杨松堂, 樊哲超. 孔中测定多含水层渗透流速方法研究[J]. 岩土工程学报, 2004, 26(3): 327-330.

[212] 孙广忠. 岩体结构力学[M]. 北京: 科学出版社, 1988.

[213] 彭汉兴. 环境工程水文地质学[M]. 北京: 中国水利水电出版社, 1998: 28-31.

[214] 侯作民, 高玉生, 洪海涛, 等. 断层破碎带中的透镜体及透镜体力学效应初步研究[J]. 工程地质学报, 2006, 14(4): 443-448.

[215] 韩其为, 何明民. 单颗泥沙运动力学及统计规律[J]. 力学与实践, 1979, 1(4): 35-37.

[216] 韩其为. 泥沙起动规律及起动流速[J]. 泥沙研究, 1982, (2): 11-20.

[217] Mantz P A. Packing and angle of respose of naturally sedimented fine silica solids immersed in natural aguedus electrolytes[J]. Sedimentology, 1977, 24(6): 810-832.

[218] 韩其为, 何明民. 泥沙起动规律及起动流速[M]. 北京: 科学出版社, 1999: 38.

[219] 刘大有, 王光谦, 李洪州. 泥沙运动的受力分析——关于碰撞力的讨论[J]. 泥沙研究, 1993, (2): 41-47.

[220] 韩其为. 三峡水库淤积过程中糙率的确定[M]. 武汉: 武汉工业大学出版社, 1993: 551-566.

[221] Indraratna B, Radampola S. Analysis of critical hydraulic gradient for particle movement in filtration[J]. Journal of Geotechnical and Geoenvironmental Engineering, ASCE, 2002, 128(4): 347-350.

[222] 焦月红. 无粘性土渗透破坏机理及坝基渗漏通道探测方法研究[D]. 南京: 河海大学, 2002: 45-65.

[223] 刘尚仁. 广东的红层岩溶及其机制[J]. 中国岩溶, 1994, 13(4): 395-403.

[224] 叶合欣. 基于示踪剂质量守恒的测流模型研究[J]. 四川大学学报(工程科学版), 2007, 39(5): 26-30.

[225] 刘光尧. 用放射性同位素测定含水层水文地质参数的方法(下)[J]. 勘察科学技术, 1997, (2): 3-8.

[226] 叶合欣, 陈建生. 放射性同位素示踪稀释法测定涌水含水层渗透系数[J]. 核技术, 2007, 30(9): 739-744.

[227] GB 8703−1988, 辐射防护规定[S]. 北京: 标准出版社, 1988: 2-7.

[228] 薛禹群, 朱学愚. 地下水动力学[M]. 北京: 地质出版社, 1979: 66-131.

[229] 周志芳, 王锦国. 裂隙介质水动力学[M]. 北京: 中国水利水电出版社, 2004: 28-41.

[230] 黄卫星, 陈文梅. 工程流体力学[M]. 北京: 化学工业出版社, 2001: 20-50.

[231] 毛昶熙, 段祥宝, 李祖贻, 等. 渗流数值计算与程序应用[M]. 南京: 河海大学出版社, 1999: 3-6.

[232] 叶合欣, 陈建生, 段祥宝. 数值模拟研究堤坝基岩软弱结构面形成集中渗漏通道[J]. 工程勘察, 2009, (4): 37-42.

[233] 叶合欣, 陈建生. 渗流计算中浸润线拟合时应注意的一个问题[J]. 水电自动化与大坝监测, 2006, 30(5): 63-65.

[234] 《北江大堤志》编纂委员会. 北江大堤志[M]. 广州: 广东高等教育出版社, 1995: 54-86.

[235] 杨传敏. 北江大堤石角段仍需加固[N]. 南方都市报, 2005-7-13(A09).

[236] 叶合欣. 北江大堤石角段管涌多发性机制研究[D]. 南京: 河海大学, 2000: 8-12.

[237] 王建平. 北江石角段古近系红层断裂带发育特征及其工程意义[J]. 水科学与工程技术, 2007, (1): 47-49.

[238] 罗国煜, 吴浩. 工程勘察中的新构造: 优势面分析原理[M]. 北京: 地质出版社, 1991: 3-20.

[239] 吴应科, 梁永平. 长江中上游红层岩溶刍议[J]. 中国岩溶, 1987, 6(2): 111-118.

[240] 国家地质总局宜昌地质矿产研究所. 中南地区白垩纪—第三纪岩相古地理[M]. 北京: 地质出版社, 1979: 91-103.

[241] 邢观猷. 对我国红层地区大坝工程安全措施的探讨[J]. 大坝与安全, 1996, (2): 1-7.

[242] Ye H, Chen J, Dong H, et al. A case study of dam leakage detection using fuzzy cluster analysis of groundwater chemistry and isotopic composition[A]//Bullen T D, Wang Y X. Proceedings of the 12th International Symposium on Water-Rock Interaction[C]. Rotterdam: Balkema Publishers, 2007, (1): 161-164.

[243] 刘建刚. 堤基渗透变形理论与渗漏探测方法研究[D]. 南京: 河海大学, 2002: 91-92.